KB079483

수학 역사 퍼즐

수학자도 갸우뚱(?)하는 75문제

후지무라 고자부로·다무라 사부로 지음
김관영·유영호 옮김

전파과학사

머리말

수학뿐만 아니라 어떤 과목에 대해서도 할 마음이 생기면 70~80%쯤 안심할 수 있다고 생각해도 좋다. 수학을 싫어하는 사람들 대부분은 어느 시기부터 수학에 대해 학습 의욕을 갖지 않게 되어 '할 마음이 없다→할 수 없다→할 마음이 없다'고 하는 악순환의 결과로 돌이킬 수 없게 되었다고 말한다.

그러면, 어떻게 해야 수학에 대해 학습 의욕을 갖게 되는 것일까? 그것에는 여러 가지 방법이 있지만 여기에서는 두 가지 방법만을 설명하기로 하자.

하나는 자기 나름대로 해보고 싶다고 생각하는 흥미 있는 주제에 접하는 일이다. '그것은 왜일까? 어떻게 하면 좋을까?' 하고 그 이유와 해결 방법을 알고 싶다고 생각하도록 하는 것이다. 그와 같은 수학 교재로서 퍼즐이 최적이다.

다른 하나는 수학이 비인간적이고 차가운 것이 아니고 일상생활과 밀접하게 연결되어 있는 가운데 발생한 하나의 문화임을 아는 것이다. 그와 같은 교재는 수학의 역사이다.

이 책의 목적은 퍼즐과 수학사를 만나게 하는 일로부터 교실에서는 배우지 않는 수학의 일면을 보게 하는 데 있다. 여기에서는 역사적으로 유명한 퍼즐을 재료로 하면서 수학의 역사를 더듬어 보기로 했다.

유명한 퍼즐은 누구에게나 흥미 깊은 것으로 호기심을 불러일으켜 주는 데 적합하다고 할 수 있다. 한편 이와 같은 퍼즐을 수학자들도 열심히 생각했다고 하는 사실을 아는 것도, 수학자를 따라서 수학을 친근한 과목으로서 느끼는 데에 도움이 될지도 모른다.

이 책을 하나의 계기로 수학에 대한 새로운 시각을 갖기 바란다.

그리고 각 장의 해설 항목은 그 시대의 특징적인 주제를 채택했다.

다무라 사부로

* * *

이 책은 남편이 입원 중일 때에 다무라 선생님이 문병 와서 약속한 것이다. 자기 자신의 죽음을 전혀 생각하지 않고 있었으므로 이 책이 완성되는 것을 대단히 기뻐하셨다.

많은 퍼즐 관계의 책을 모으고 있었으므로 내가 농담처럼 "만약에 당신에게 만일의 일이 일어났을 때 책을 어떻게 하면 좋을까요?"라고 여쭈어 보았다. 그는 "다무라 씨, 저의 책은 전부 고베(神戸)대학에 기증할 것이므로 잘 부탁합니다"라고 대답했다. 이와 같은 이유로 다무라 선생님에게 일방적인 신세를 졌다. 깊은 감사를 드린다. 또 오랫동안 애독해 주신 독자 여러분께도 진심으로 감사를 드린다. 고단샤 여러분에게도 대단히 신세를 졌다. 마음으로부터 감사드린다.

1936년에 결혼하였으므로 47년간 함께 지내왔지만 매일 잠을 잘 때나 잠에서 깨어나도 책, 책, 책을 밤낮으로 보며 일분일초도 아껴 공부해 왔다. 멍청하니 한가한 얼굴을 하고 있을 때 무엇인가 부탁하면 "나중에 해"라고 자주 나무랐다. 머릿속에는 항상 퍼즐의 일로 가득 차 있었던 것이다. 그렇지만 그 이후는 언제의 일인가? 그것은 퍼즐을 해결하는 것보다 더 어려웠다.

어떤 것을 해도, 좋아하는 한 가지 일로 의미 있는 일생을 마칠 수 있게 된 것을 남편을 대신해 여러분에게 깊은 감사를 드린다.

후지무라 기요코

차례

1장

고대의 퍼즐—도형수

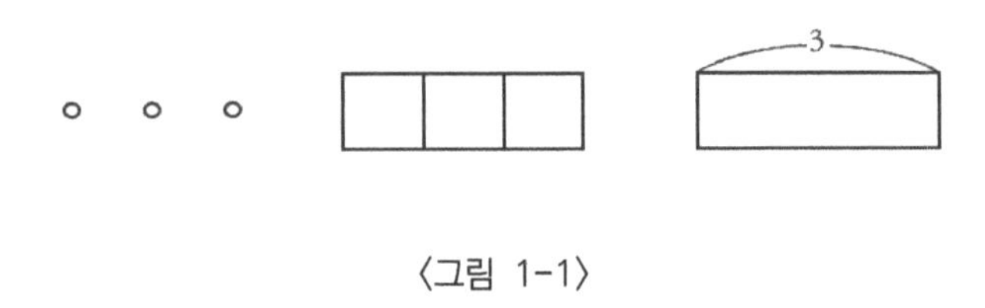

〈그림 1-1〉

▣ 도형수에 대해

그리스 사람들은 수란 위치를 갖지 않는 점의 모임이라고 생각하고 있었다. 피타고라스가 '만물의 근원은 수이다'라는 터무니없는 발상을 한 것도 우주는 점으로 구성되었다고 하는 원자론적인 생각과 '점=수의 모임'이라는 그리스 사상으로부터의 당연한 귀결이라고 할 수 있다.

수가 점의 모임이라고 하면 수를 몇 개의 점으로 표시하는 것, 즉 가시적인 도형수(圖形數)로서 나타내는 일이 문제가 된다. 예를 들면 수 3은 3개의 점으로 표시하든지, 단위로서 3개로 구분 지어진 길이에 의해 표시된다.

그러면 정삼각형 모양에 배치될 수 있는 수나 정사각형에 배치될 수 있는 수처럼 아름다운 도형으로서 나타내어지는 수에 관심이 모아지는 것은 당연한 일이다. 피타고라스는 1개, 2개, 3개, 4개처럼 위로부터 순서대로 정삼각형 모양으로 돌을 나열한 도형을 가리키며 세도록 사람들에게 말했던 것이다. 그 사람이 1, 2, 3, 4라고 세었을 때 피타고라스는 "좋아. 자네가 4라고 생각한 것은 실제로 10이야. 이것은 완전한 삼각형으로 우리들의 약속이야"라고 말했다. 피타고라스가 10을 신성시했던 것은 1은 점, 2는 선, 3은 면(삼각형), 4는 입체(삼각추)를 나타내고

〈그림 1-2〉

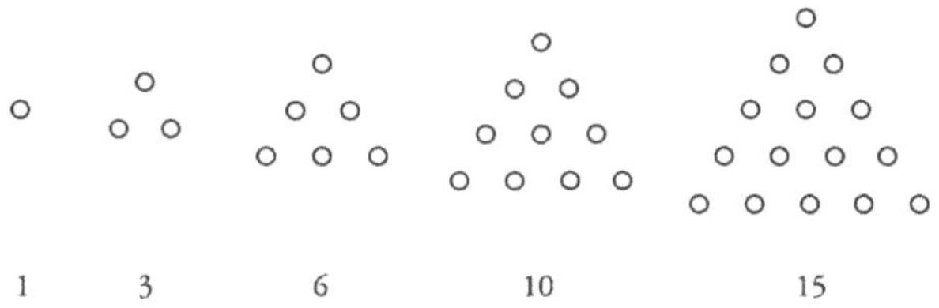

1 3 6 10 15

〈그림 1-3〉 삼각수

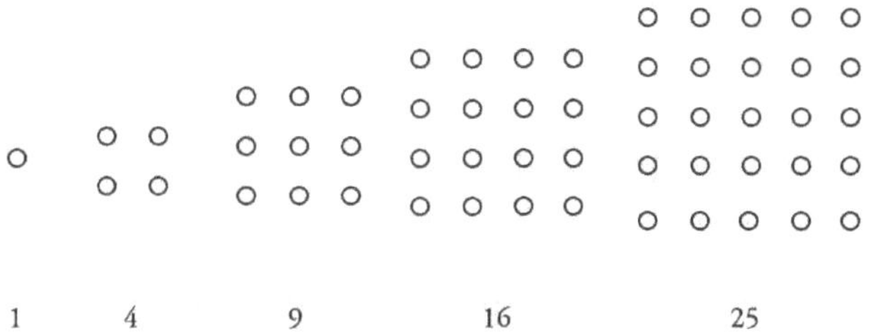

1 4 9 16 25

〈그림 1-4〉 사각수

이들의 종합으로 아름다운 정삼각형 모양의 수 10이 우주를 표현하고 있다고 생각했기 때문이다.

이 10과 같이 아름다운 정삼각형 모양으로 배치될 수 있는 수 등을 삼각수(三角數)라고 한다. n번째의 삼각수를 T_n이라고 하면 1, 2, 3, …, n이라는 n개의 자연수의 합이 T_n이다.

$$T_n=1+2+3+\cdots+n$$

또, 정사각형 모양으로 배치될 수 있는 수 등을 사각수(四角數)라고 하지만, 이는 제곱수가 된다. n번째의 사각수를 S_n이라고 하면

$$S_n=n^2$$

이지만, 이것은 〈그림 1-5〉와 같이 1에서 순서대로 홀수만 합

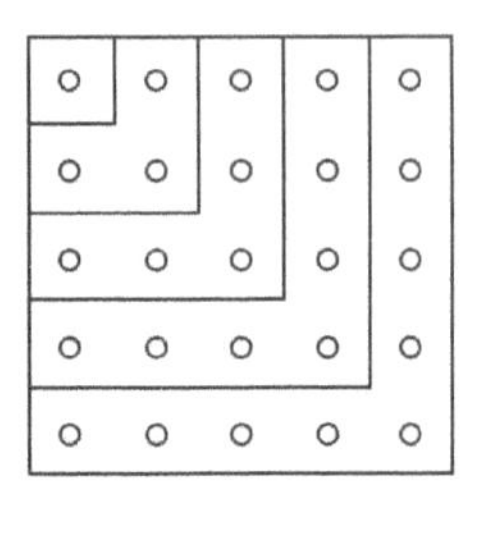

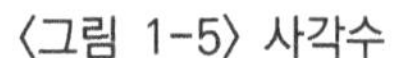

〈그림 1-5〉 사각수

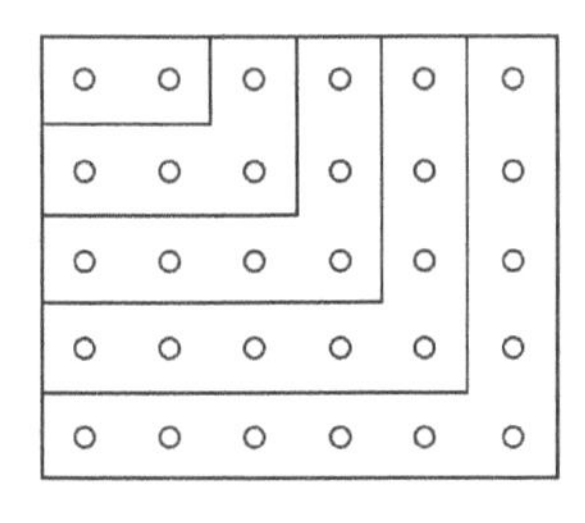

〈그림 1-6〉 직사각수

한 값이 된다.

$S_n=1+3+5+\cdots+(2n-1)=n^2$

이것에 대응해서 2부터 순서대로 짝수만 더한 수를 직사각수라고 부른다. n번째의 직사각수를 R_n이라고 하면

$R_n=2+4+\cdots+2n=n(n+1)$

이다. 사각수나 직사각수를 만들면 곡척형의 도형이 사용된다. 이 곡척형의 도형을 그노몽(Gnomon)이라 하고, 그곳에 표시되어 있는 수를 그노몽 수라고 한다. 따라서, 그노몽 수란 그 수열의 계차를 말한다.

삼각수 T_n, 사각수 S_n, 직사각수 R_n 사이에는 여러 가지 관계가 성립된다. 〈그림 1-7〉과 같이 2개의 삼각수의 합은 하나의 직사각수로 된다.

$2T_n=R_n=n(n+1)$

따라서

$$1+2+3+\cdots+n=\frac{n(n+1)}{2}$$

라는 공식이 성립된다.

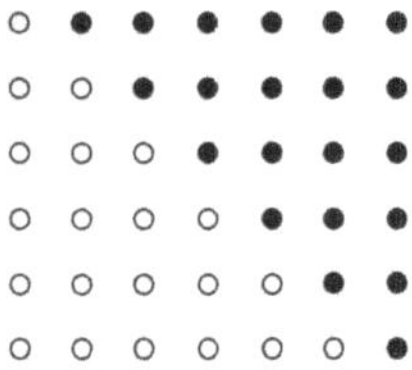

〈그림 1-7〉 $2T_6=R_6$

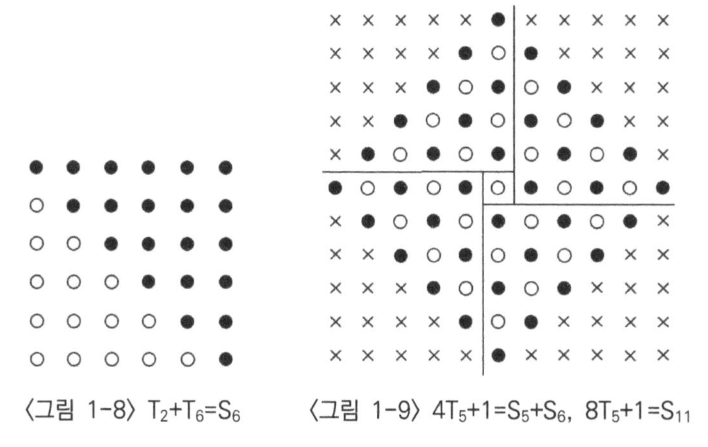

〈그림 1-8〉 $T_2+T_6=S_6$　　〈그림 1-9〉 $4T_5+1=S_5+S_6$, $8T_5+1=S_{11}$

다음의 수열을 자세히 보면 이웃하고 있는 삼각수의 합은 사각수가 됨을 알 수 있다.

1　3　6　10　15　21 …… 삼각수

4　9　16　25　36 …… 사각수

이를 〈그림 1-8〉과 같이 그려보면 눈으로 보아도 확실히 알 수 있다. 즉,

$$T_{n-1}+T_n=S_n=n^2$$

이 성립한다.

〈그림 1-9〉의 ○의 수는 S_5이고, ●의 수는 S_6이므로

$$4T_{n+1}=S_n+S_{n+1}$$

이라고 일반적으로 말할 수 있다. X를 포함한 전체를 생각하면

$$8T_n+1=S_{2n+1}$$

이 성립됨을 알 수 있다.

그리스 사람들은 〈그림 1-10〉과 〈그림 1-11〉과 같이 오각

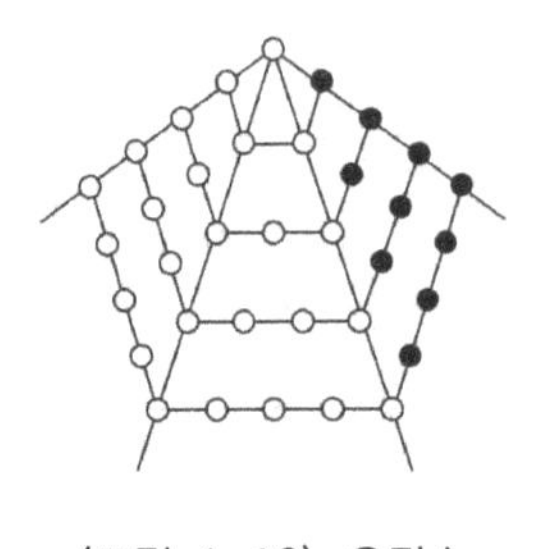

〈그림 1-10〉 오각수

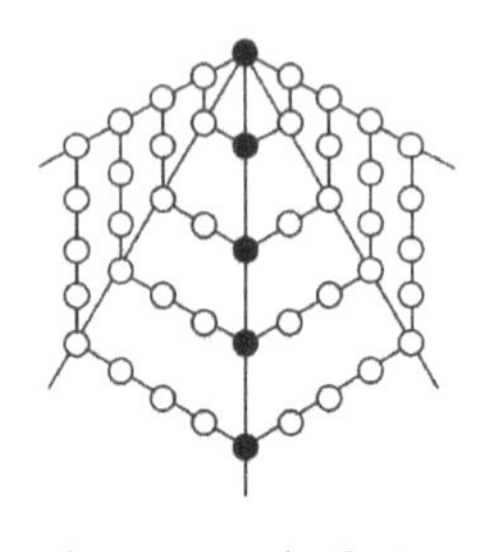

〈그림 1-11〉 육각수

수, 육각수 등도 생각했다. 오각수는

1, 5, 12, 22, 35, …

라는 수로 나열되고, 육각수는

1, 6, 15, 28, 45, …

라는 수로 나열된다. n번째의 오각수, 육각수를 각각 P_n, H_n이라고 하면

$$P_n=S_n+T_{n-1}$$

$$H_n=2S_n-n$$

등이 성립함은 위 그림을 자세히 보면 알 수 있다. 오각수는 ○의 부분이 S_n이고, ●의 부분이 T_{n-1}이다. 또, 육각수에서는 ●의 부분을 이중으로 세어서 2개의 사각수를 생각하면 된다.

다음에는 삼각수 T_1, T_2, …, T_n의 합을 계산해 보자. 합을 구하기 위해 $3T_1$, $3T_2$, …, $3T_n$을 〈그림 1-12〉처럼 배치하면 가로 T_n행, 세로 n+2열의 직사각형이 되므로

$$3(T_1+T_2+\cdots+T_n)=(n+2)T_n$$

그러므로

$T_1+T_2+\cdots+T_n$

$=\frac{n(n+1)(n+2)}{6}$

이라는 관계식이 얻어진다.

계속해서 사각수 S_1, S_2, …, S_n의 합을 구해보자. 각 사각수는 1부터 순서대로 홀수만의 합을 나타내는데 S_1, S_2, …, S_n의 합은 〈그림 1-13〉과 같이 마천루의 모양으로 배치된다. ○은 홀수번째의 사각수 S_1, S_3, S_5, …를 나타내고, ●은 짝수번째의 사각수 S_2, S_4, …를 나타낸다.

마천루의 양측에 S_1, S_2, …를 첨가하면 $3S_1$, $3S_2$, …, $3S_n$의 합이 세로 T_n행, 가로 2n+1열의 직사각형으로 표시될 수 있으므로

$3(S_1+S_2+\cdots+S_n)=(2n+1)T_n$

그러므로

$S_1+S_2+\cdots+S_n=\frac{n(n+1)(2n+1)}{6}$

이 된다. 즉,

$1^2+2^2+\cdots+n^2=\frac{n(n+1)(2n+1)}{6}$

이라는 공식이 얻어진다.

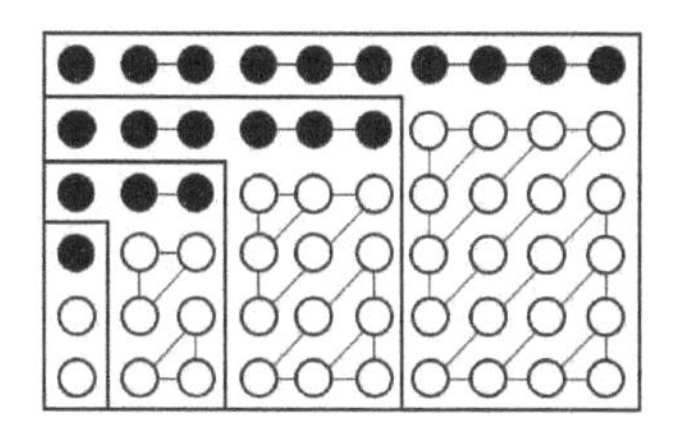

〈그림 1-12〉
$3(T_1+T_2+T_3+T_4)=6\times T_4$

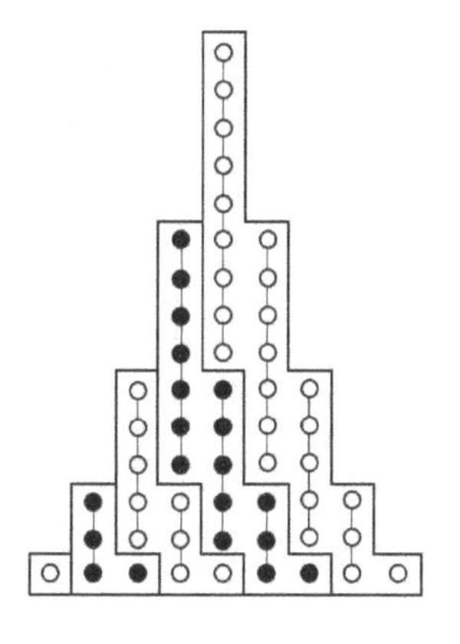

〈그림 1-13〉 마천루

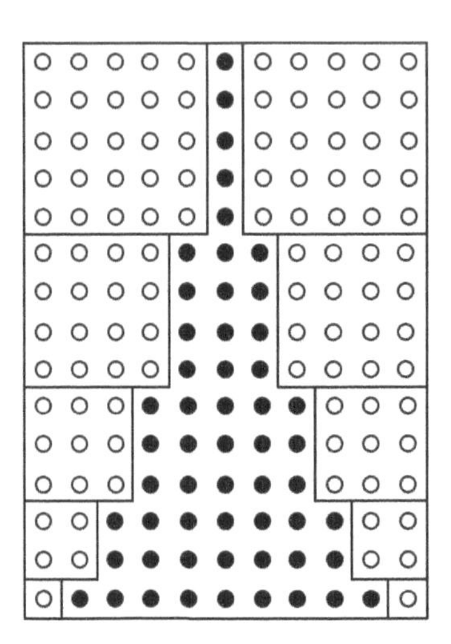

〈그림 1-14〉 $3(S_1+S_2+S_3+S_4+S_5)=11\times T_5$

13세기 중국의 수학자 양휘(楊輝)는 이 공식을 다음과 같이 증명하고 있다. 1^2개, 2^2개, …, n^2개의 정육면체를 계단 모양의 사각추형으로 쌓아 올린 A, B, C 세 개를 만든다. 이 세 개를 붙이면 C위의 T_n개의 정육면체만이 튀어나오게 되지만 그것을 반으로 잘라서 A의 위에 얹는다. 그러면, n+1열의 직사각형으로 높이 $n+\frac{1}{2}$의 직육면체가 된다. 따라서,

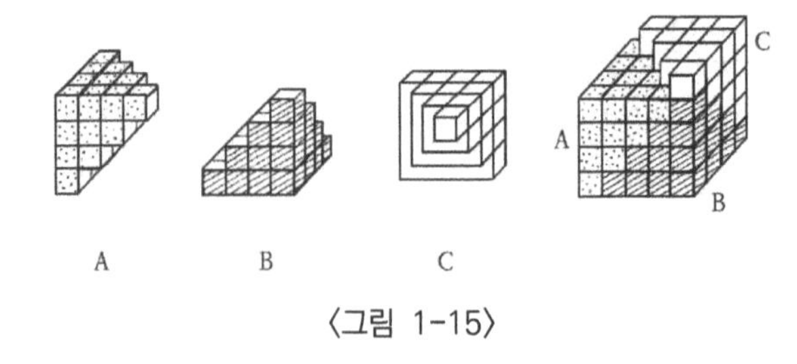

〈그림 1-15〉

$$3(S_1+S_2+\cdots+S_n)=n(n+1)(n+\frac{1}{2})$$

이 되므로

$$1^2+2^2+\cdots+n^2=\frac{n(n+1)(2n+1)}{6}$$

이 얻어진다.

1^3, 2^3, …, n^3의 합의 공식을 구해보자. 우선 하나의 정사각형에 이웃하고 있는 두 변의 바깥으로 늘려서 한 변이 1+2인 정사각형을 만든다. 더해진 그노몽 수는 2^2의 정사각형이 2개분으로 2^3이다. 왜냐하면 〈그림 1-16〉을 보면 이중으로 사선이 그어진 부분과 공백 부분이 상쇄되어 오른쪽으로 경사진 사선의 정사각형과 왼쪽으로 경사진 사선의 정사각형의 두 개를 더한 것이기 때문이다.

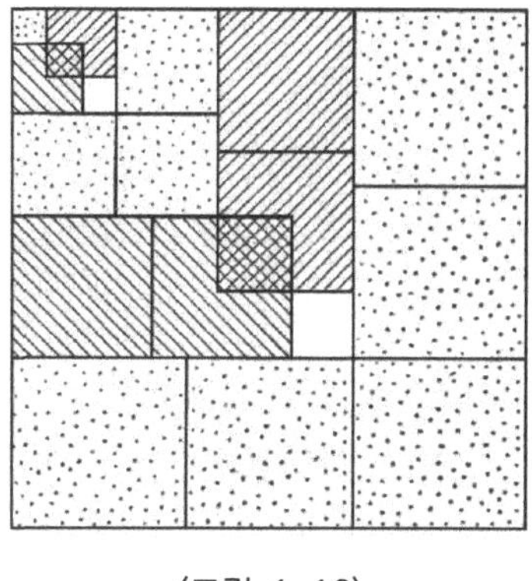
〈그림 1-16〉

다음에 이웃하고 있는 두 변의 바깥으로 늘려서 한 변이 1+2+3인 정사각형을 만든다. 그러면, 더해진 그노몽 수는 (3^2인 정사각형이 3개로서) 3^3이다. 더욱이 변의 길이를 1+2+3+4로 늘리면 이중 사선 부분과 공백 부분이 상쇄되어 4^2의 정사각형이 4개가 더해져 그노몽 수는 4^3이다. 이와 같이 해서 만들어진 정사각형의 한 변은 1+2+3+4이기 때문에

$$1^3+2^3+3^3+4^3=(1+2+3+4)^2$$

이 된다. 일반적으로

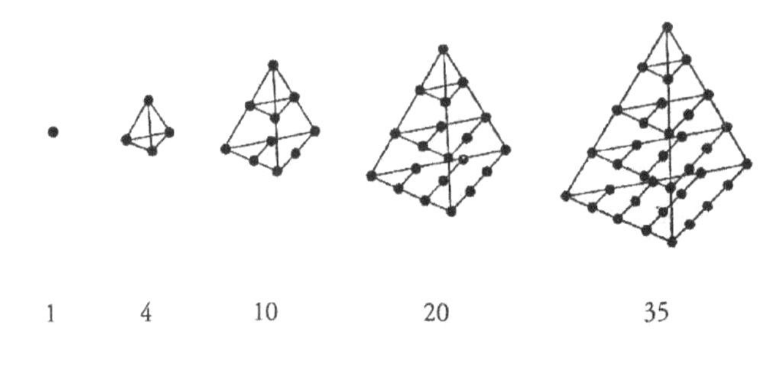

〈그림 1-17〉 삼각추수

$$1^3+2^3+\cdots+n^3=(1+2+\cdots+n)^2$$

$$=\left(\frac{n(n+1)}{2}\right)^2$$

이라는 공식이 증명된다.

그리스 사람들은 점을 평면 위에 배치한 다각수뿐만 아니라 공간적으로 배치한 피라미드수도 생각했다. 삼각추 모양으로 나열해 보면 〈그림 1-17〉과 같이 되고, 그의 n번째 수는

$$T_1+T_2+T_3+\cdots+T_n=\frac{n(n+1)(n+2)}{6}$$

가 된다.

사각추 모양으로 나열해 보면 〈그림 1-18〉과 같이 되고, 그의 n번째의 수는

$$S_1+S_2+\cdots+S_n=\frac{n(n+1)(2n+1)}{6}$$

이 된다.

그리스인들은 하나의 정점으로부터 방사선 모양에서 나오는 직선상의 점을 택하여 다각수와 피라미드를 만들었지만 도형의

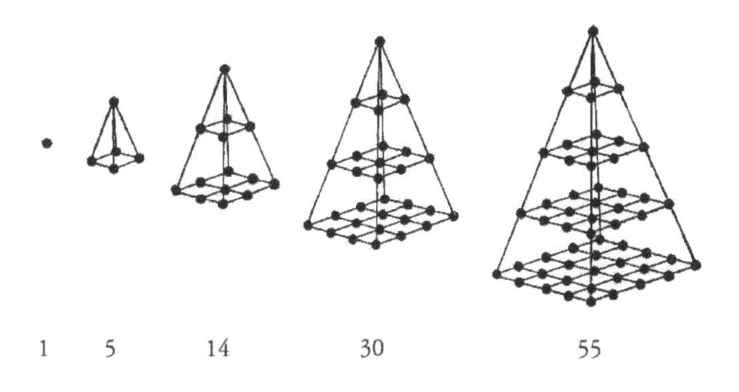

〈그림 1-18〉 사각추수

중심에서 방사선 모양의 직선을 그려서 유심 다각형(有心多角形)을 만들 수 있다.

유심 삼각수는

1, 4, 10, 19, 31, 46, …

이 되고, 그의 제n번째 수는 중심을 제외한 부분을 삼등분하여

$$3T_{n-1}+1=\frac{3}{2}n(n-1)+1$$

이 됨을 알 수 있다.

유심 사각수는

1, 5, 13, 25, 41, 61, …

이 되고, 그의 제n번째의 수는

$$4T_{n-1}+1=2n(n-1)+1$$

로 표시된다. 〈그림 1-19〉도 유심 사각수가 된다.

유심 오각수와 유심 육각수 등도 생각할 수 있어, 그의 제n번째 수는 각각 $5T_{n-1}+1$, $6T_{n-1}+1$이 된다.

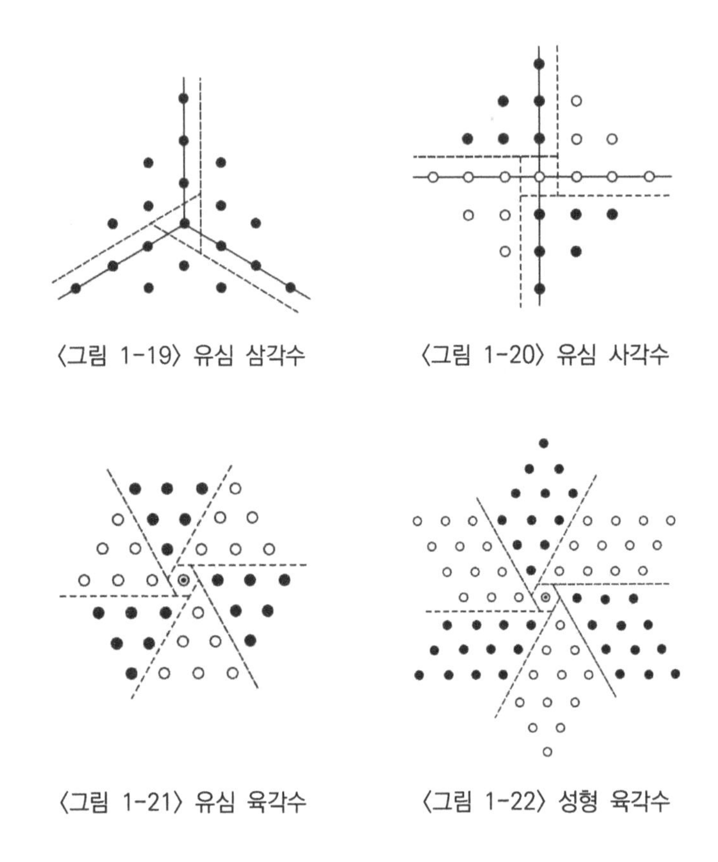

〈그림 1-19〉 유심 삼각수 〈그림 1-20〉 유심 사각수

〈그림 1-21〉 유심 육각수 〈그림 1-22〉 성형 육각수

n번째의 유심 육각수 외에 n-1번째의 삼각수를 6개 붙이면 성형 육각수(星形六角數)가 만들어진다. 이 성형 육각수의 n번째의 수는 $12T_{n-1}+1$에 의해서 주어진다.

제곱수로 되는 성형 육각수에 대해서 재미있는 성질이 알려져 있다(『수학 게임 Ⅲ』, 가드너 지음). n번째의 성형 육각수 $6n(n-1)+1$이 제곱수 m^2와 같다고 하자.

$$m^2=6n(n-1)+1$$

이라면, 이 수를 3배 하여 그를 더한 수는 연속된 세 자연수의

제곱합으로도 나타낼 수 있는 동시에 연속된 두 자연수의 제곱합으로도 나타낼 수 있다. 즉,

$$3m^2+2=(m-1)^2+m^2+(m+1)^2$$
$$=(3n-2)^2+(3n-1)^2$$

이 되기 때문이다.

제곱수로 된 성형 육각수 중에서 1 다음으로 작은 수는 121이다. n=5, m=11이기 때문에

$$365=10^2+11^2+12^2=13^2+14^2$$

다음의 제곱수로 된 성형 육각수는 11881이지만, n=45, m=109이기 때문에

$$35645=108^2+109^2+110^2=133^2+134^2$$

이 성립한다.

1. 최초의 퍼즐

일곱 채의 어느 저택에
일곱 마리씩의 고양이가 살고 있다.

각각의 고양이에게
일곱 마리씩의 쥐가 잡히고
각각의 쥐도
일곱 개씩의 보리 이삭을 먹는다.

각각의 이삭도
칠 홉의 보리를 수확할 수 있다.
이들 모든 수의 합은?

답: 19607

집은 7채, 고양이는 7^2=49마리, 쥐는 7^3=343마리, 보리 이삭은 7^4=2401개, 보리는 7^5=16807홉이므로 전부를 더하면

$$7+7^2+7^3+7^4+7^5=19607$$

이 된다(다른 종류를 더하는 것을 난센스라고 말하지 말 것!)

* * *

이 문제는 수학 퍼즐로서 세계 최초의 것이라고 말할 수 있다. 기원전 1800년경에 이집트의 승려 아메스(Ahmes)가 기록한 파피루스(늪지에서 자생하는 다년초로 만든 종이와 같은 물건)에

집	고양이	쥐	보리 이삭	홉	합계
7	49	343	2401	16807	19607

라고만 쓰여 있다. 이것만으로는 무엇을 의미하는지 알 수 없지만, 영국의 전래 동요집 『어미 거위(Mother Goose)』에 이 내용을 암시하는 다음과 같은 노래가 있다.

센트 이브스의 길을 가면서
7명의 부인을 우연히 만났다.
7명의 부인들은 7개씩의 자루를 들고
7개의 자루에 7마리 고양이가
7마리의 고양이도 7마리씩의 새끼 고양이를
동반하고 있다.
새끼 고양이와 고양이와 자루와 부인.
센트 이브스를 향하는 것은 합하여 얼마나 될까?

13세기 초, 이탈리아의 레오나르도 피사노(Leonardo Pisano, 1170?~1240?)가 쓴 『산반서(算盤書)』 등에도 이와 비슷한 문제가 있다.

2. 공물의 소

소를 기르는 사람이 공물로 70마리의 소를 데리고 왔다. 수납 계원이 그에게 말했다. “소의 수가 부족하지 않은가? 나머지 공물로 낼 소는 어디에 두었는가?”

그는 대답했다.

“내가 데리고 온 소는 전체의 소 중에 $\frac{1}{3}$ 가운데서 $\frac{2}{3}$이다. 나의 계산이 틀림없이 맞는 것을 알게 되리라고 생각합니다”

그럼, 공물의 소는 전부 몇 마리일까?

답: 315마리

소의 수를 x마리라고 하면

$$\frac{1}{3}\times\frac{2}{3}\times x = 70$$

이므로

$$x=70\times\frac{9}{2}=315$$

로서, 어떤 어려움 없이도 구할 수 있다.

이 문제도 아메스의 파피루스에 나오는 문제이다.

고대 이집트에서는

$\frac{2}{9}$를 $\frac{1}{6}+\frac{1}{18}$

로써 계산했다(분자가 1인 어떤 분수를 단위분수라고 하는데 이집트에서는 $\frac{2}{3}$는 예외로 하고 다른 것은 모두 단위분수의 합으로써 분수를 표현한다).

이 때문에 $\frac{2}{9}$의 역수를 구하는 것도 힘들다. $\frac{2}{9}$의 4배$\left(\frac{8}{9}\right)$와 $\frac{2}{9}$의 $\frac{1}{2}$배$\left(\frac{1}{9}\right)$와의 합이 1이기 때문에 4+$\frac{1}{2}\left(4\frac{1}{2}\right)$이 $\frac{2}{9}$의 역수가 된다. 결국, 70에 $4\frac{1}{2}$을 곱해서 315를 구한다.

3. 원주율

고대 이집트에서는 원의 면적을 구하려고 할 때 다음과 같이 했다.

'지름 9켓트의 둥근 토지의 문제.

지름의 $\frac{1}{9}$, 즉 1을 빼면 나머지는 8이다. 8의 8배를 하면 64가 된다. 그러므로 이 토지의 면적은 64세타트이다.'

켓트는 길이의 단위로서 1세타트는 1제곱켓트이다. 그러므로 이집트 사람들은 원주율을 얼마라고 생각했을까?

답: $\pi \fallingdotseq \left(\frac{16}{9}\right)^2$=3.16049……

이집트에서는 지름 d=2r인 원의 면적을

$$\left(d-\frac{1}{9}d\right)^2=\left(\frac{8}{9}d\right)^2=\left(\frac{16}{9}\right)^2 r^2=\pi r^2$$

로 하고 있기 때문에

$$\pi=\left(\frac{16}{9}\right)^2=3.16049\cdots\cdots$$

로 생각하고 있다.

* * *

그리스의 아르키메데스(Archimedes, B.C. 287?~B.C. 212)는 원에 내접하는 정96각형 또는 외접하는 정96각형의 둘레를 계산해서

$$3.1408\cdots\cdots=\frac{223}{71}<\pi<\frac{22}{7}=3.1428\cdots\cdots$$

을 구했다.

중국의 유휘(劉徽, 3세기)는 3.14를, 조중지(祖仲之, 5세기)는 $\frac{22}{7}$와 $\frac{355}{113}$를, 게다가 인도의 아리아바타(Aryabhata, 5세기)는 3.1416을 구했다.

현재는 컴퓨터를 사용해서 소수점 이하 일천만 자리까지도 계산되고 있다.

여기에 소수점 이하 50자리까지 쓰면 다음과 같다.

3.14159265358979323846264338327950288

8419716939937510

4. 바빌로니아의 대수

바빌로니아의 기수법(記數法)은 60진법이다. 10진법에서의 754는 12×60+34로 쓸 수 있기 때문에 60진법에서는 12, 34로 쓴다. 또

$$12\frac{34}{60}=12+34\times\frac{1}{60}$$ 을 12 ; 34

라는 것처럼 소수점을 ;로 표시하자.

그래서 아래의 점토판〔노이게바우어(O. Neugebauer)의 사본〕의 위에서 7행까지를 번역해 보면 다음과 같다.

'길이, 폭. 길이와 폭을 곱해서 면적을 구했다.

다시 길이가 폭을 초과하는 만큼을 면적에 더했다. 3, 3

다시 길이와 폭을 더했다. 27

길이, 폭, 면적은 얼마인가?'

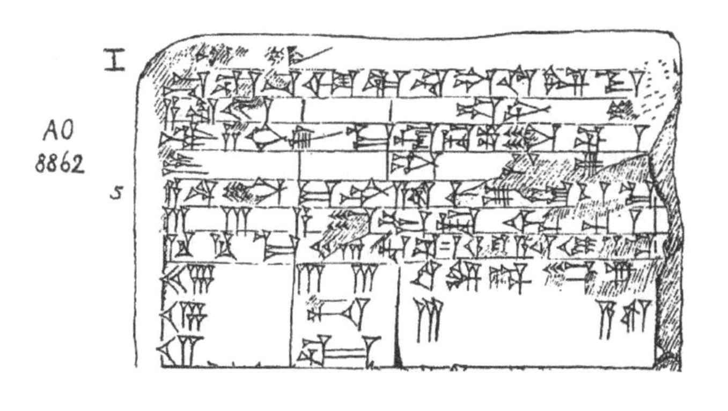

답: 길이 14, 폭 13, 면적 182(3, 2)
또는 길이 15, 폭 12, 면적 180(3, 0)

길이를 x, 폭을 y라고 하면 면적은 xy이고, 길이에서 폭을 초과한 부분은 $x-y$이므로

$xy+(x-y)=183(=3,\ 3)$ ……①

또, 길이에 폭을 더한 값이 27이므로

$x+y=27$ ……②

②에서 $y=27-x$를 ①에 대입하면

$x(27-x)+x-(27-x)=183$

$x^2-29x+210=0$

$(x-14)(x-15)=0$

그러므로 $x=14$, $x=15$

$x=14$일 때 $y=13$, 면적 $xy=182(=3,\ 2)$

$x=15$일 때 $y=12$, 면적 $xy=180(=3,\ 0)$

* * *

점토판의 8행 이후는

27 3, 3 합

15 길이, 3 면적

12 폭

으로 쓰여 있다. 결국, 답 가운데에 후자만이 쓰여 있다. '3 면적'의 부분은 현대의 기수법으로 하면 3, 0으로 써야 하지만 바빌로니아에서는 0에 해당하는 기호를 갖고 있지 않았다.

5. 정사각형의 대각선

아래 그림과 같이 점토판에 3개의 수

왼쪽 위에 a=30

가운데 상단 b=1, 24, 51, 10

가운데 하단 c=42, 25, 35

가 기입되어 있다.

바빌로니아에서는 60진법이 사용되고 있음에 주의하여, 적당한 곳에 소수점을 찍어서 이들 3개의 수 a, b, c 간에 어떤 관계가 있는지를 추리해 보자.

또, 6는 어떠한 무리수를 나타내고 있는데, 그것은 어떠한 무리수일까?

답: ab=c이고 b= $\sqrt{2}$

$$b=1\ ;\ 24,\ 51,\ 10\ \left(=1+\frac{24}{60}+\frac{51}{60^2}+\frac{10}{60^3}\right)$$

$$c=42\ ;\ 25,\ 35\ \left(=42+\frac{25}{60}+\frac{35}{60^2}\right)$$

과 같이 소수점의 위치를 정하면

$$ab=\left(30+\frac{720}{60}+\frac{1530}{60^2}+\frac{300}{60^3}\right)$$

$$=42+\frac{25}{60}+\frac{35}{60^2}=c$$

로 된다. 또,

$$b=1+0.4+0.0141\dot{6}+0.0000\dot{4}62\dot{9}$$

$$=1.41421296296\cdots \fallingdotseq \sqrt{2}$$

이처럼 기원전 2000년경에 이미 $\sqrt{2}$의 값을 소수점 이하 5자리까지 정확하게 얻고 있다는 것은 놀라운 일이다.

* * *

고대 바빌로니아의 수학은 기원전 2400년부터 1950년경까지로, 특히 기원전 2200년경의 자료가 많다. 이집트의 아메스의 것보다 더 오래되었지만 내용적으로는 바빌로니아의 것이 더 높게 평가됨을 알 수 있다.

6. 피라미드의 높이

탈레스(Thales)가 피라미드의 그림자 길이로부터 피라미드의 높이를 구했다고 하는 이야기는 유명하다. 그 방법으로서 보통 설명되어지는 것은 지면에 수직으로 막대기를 세워서, 같은 시각의 피라미드의 그림자 길이와 막대의 그림자 길이를 재어서

(피라미드의 높이) : (막대의 길이)

=(피라미드의 그림자 길이) : (막대의 그림자 길이)

라는 비례식을 사용해서 구하는 방법이다.

그런데 이런 방법으로 피라미드의 그림자 길이가 잘 구해질 수 있을까? 피라미드의 꼭대기에서 내린 수선의 점은 피라미드의 내부에 있기 때문에 그곳에서 그림자의 꼭대기까지의 길이 등을 구할 수 없는 것은 아닐까?

그러면 그림자를 이용해서 피라미드의 높이를 구할 때 탈레스는 어떻게 했을까?

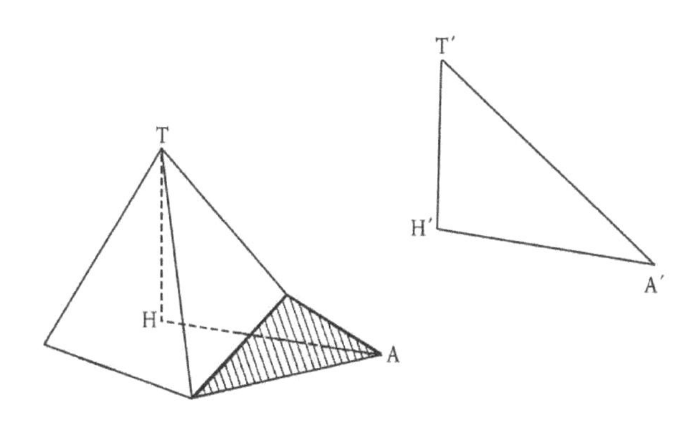

답: 두 가지 시각에서 그림자 꼭대기의 거리를 재면 좋다.

어떤 시각에 피라미드의 그림자의 꼭대기를 A, 막대의 그림자의 꼭대기를 A′라고 하자. 잠시 시간이 경과한 후에 피라미드의 그림자의 꼭대기를 B, 막대의 꼭대기를 B′라고 하면 AB 및 A′B′의 길이를 분명하게 잴 수 있다. 따라서,

(피라미드의 높이) : AB

=(막대의 길이) : A′B′

로 피라미드의 높이를 측정할 수 있다.

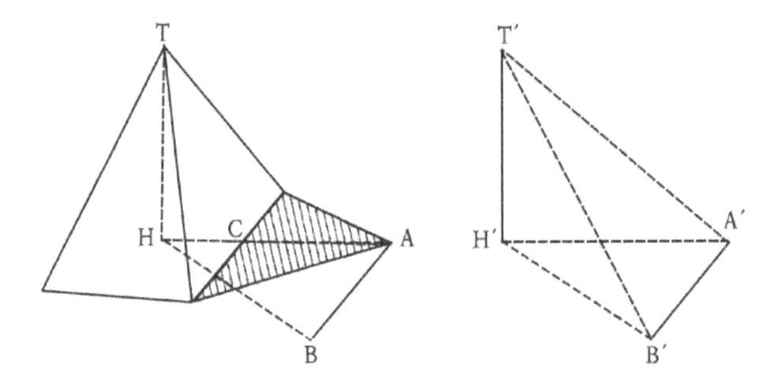

그림자의 길이를 한 번만 측정하여 구할 수 있는 방법은 없을까? 그것은 피라미드의 한 변에 수직인 방향으로 빛이 쪼일 때 그림자를 재면 좋다(피라미드는 정확히 남북을 향해 있으므로 이와 같은 시각은 이른 아침이나 저녁밖에 없다. 정오에는 태양이 머리 위에 있어서 그림자가 생기지 않기 때문이다).

그때의 피라미드의 그림자의 꼭대기를 A로 하고, A에서 피라미드의 한 변에 수선을 그으면 수선과 만나는 점 C는 변의 중점이 된다. 이 AC의 길이에 피라미드의 한 변의 길이의 반을 더한 값이 피라미드의 그림자 AH이다.

7. 피타고라스의 제자

'재능이 뛰어난 피타고라스여.
뮤즈 여신의 직계여.
가르쳐 주세요
당신의 제자의 수를'

'내 제자의 $\frac{1}{2}$은
수의 아름다움을 탐구하고,
자연의 이치를 연구하는 자가 $\frac{1}{4}$.
$\frac{1}{7}$의 제자들은
굳게 입을 다물고 깊은 사색에 잠겨 있다.
그 외에 여자인 제자가 3사람 있다.
그들이 제자의 전부이다'
제자는 총 몇 명일까?

(그리스 시화집에서)

답: 28인

제자의 수를 x라고 하자. 그러면,

$$x = \frac{1}{2}x + \frac{1}{4}x + \frac{1}{7}x + 3$$

이것을 풀면, x=28

* * *

피타고라스(Pythagoras, B.C. 580?~B.C. 500?)의 생애는 깊은 신비의 안개에 가려서 확실하지 않다. 어려서부터 신동이라고 불려서 탈레스에게 배운 후에 이집트, 바빌로니아에서 장기간 유학했다. 50세가 지나서 남이탈리아에 학교를 세웠다. 이곳은 학교라기보다 엄격한 계율에 의한 비밀 결사로 학문 연구의 장임과 동시에 종교, 생활, 정치 활동의 장이기도 했다.

피타고라스학파는 비밀성, 배타성이 강하고 광신적 정치 활동도 했던 것 같다. 그 때문에 반대파의 손에 의해서 학교가 불살라져 많은 제자들이 죽었다. 피타고라스 자신은 피했지만 다음 해의 폭동으로 슬픈 희생이 되었다.

피타고라스의 업적으로서는 세제곱의 정리와 다섯 개의 정다면체의 발견 등이 유명하다. 또, '만물의 근원은 수이다'라는 주장과 어떤 선분의 비도 반드시 정수비로 나타내어진다고 생각했다. 그러나 정사각형의 대각선과 한 변과의 비가 정수의 비로 나타낼 수 없다는 것을 알고서 큰 충격을 받아 그 말을 입 밖에 내는 것을 금지했다.

8. 그리스 십자

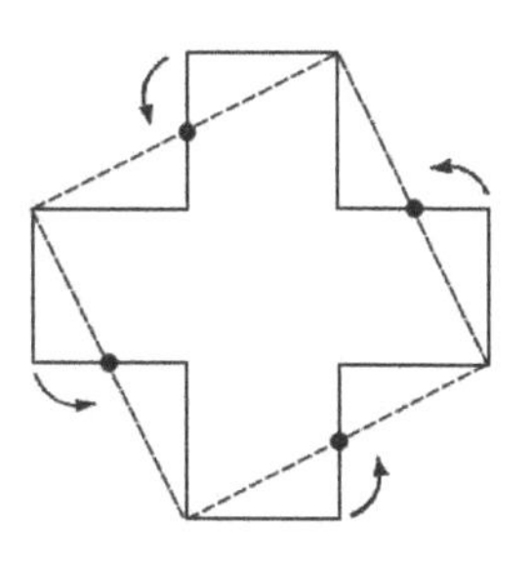

합동인 정사각형을 5개를 붙여 만들 수 있는 십자가를 '그리스 십자'라고 한다. 이 십자가를 점선에 따라 잘라 연결해서 맞추면 점선과 같은 하나의 정사각형이 된다. 이것은 기원전부터 잘 알려진 퍼즐이다.

그러면 십자가를 네 부분으로 잘라 잘 연결해서 정사각형을 만들어 보라.

답: 아래 그림의 실선을 따라 자르고 B, C, D를 각각 각각 B′, C′, D′에 이동시키면 된다.

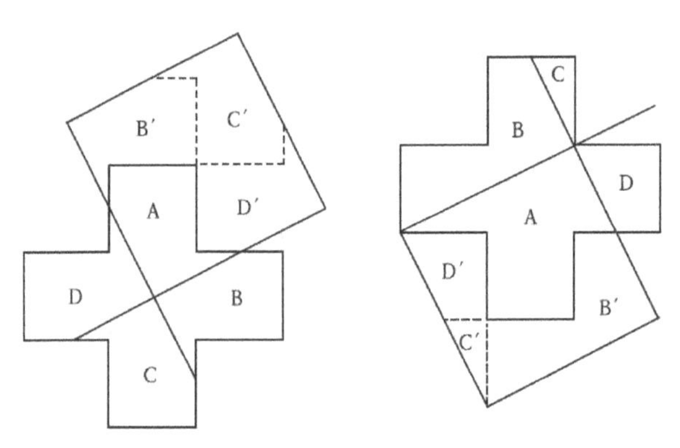

위와 같은 두 가지의 자르는 방법이 잘 알려져 있지만 실제로 자르는 방법은 무수하다고 생각된다. 완성된 정사각형의 한 정점이 그리스 십자의 한가운데의 정사각형 내(또는 원주상에)의 어느 점에 오도록 잘라도 오른쪽 그림에서 보는 것처럼 될 수 있다.

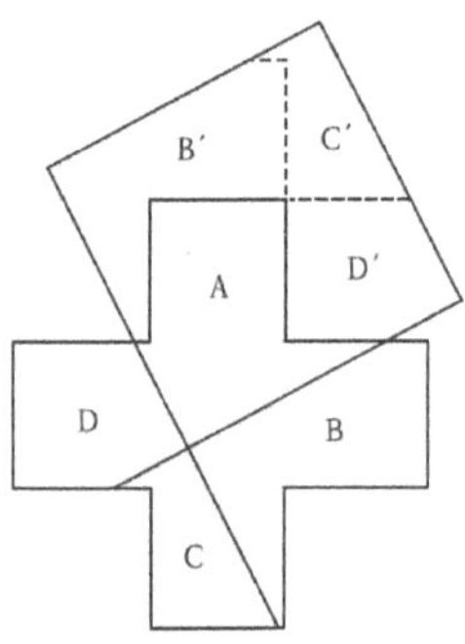

* * *

그리스도교의 십자가는 기둥에 해당하는 아래 부분이 길며 이런 십자가를 '라틴십자'라고 한다.

9. 히포크라테스의 초승달

아래 그림과 같이 직각이등변삼각형의 직각 정점을 중심으로 해서 직각을 끼고 있는 한 변을 반지름으로 하는 $\frac{1}{4}$의 원을 그린다. 또, 직각삼각형의 빗변을 지름으로 하는 반원을 바깥쪽에 그리면 초승달 모양의 도형이 생긴다(이 도형을 히포크라테스의 초승달이라고 한다).

이 히포크라테스의 초승달의 면적과 직각이등변삼각형의 면적의 비를 구하여라.

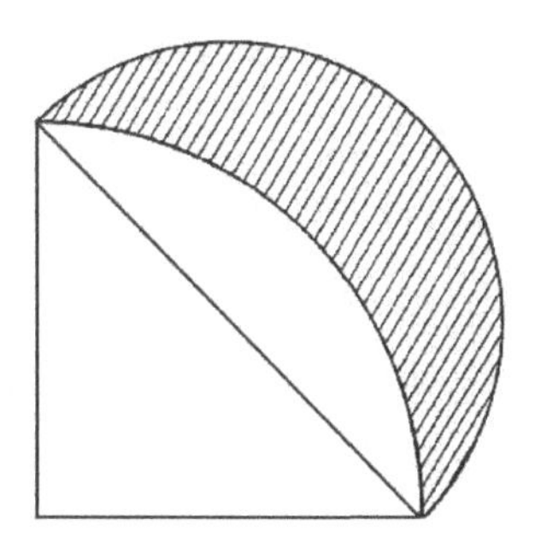

답: 두 개의 면적은 같다.

OA=2a라고 하면 사분원 OADB의 면적은

$$\frac{1}{4}\times 4\pi a^2=\pi a^2$$

이 된다. 또, 반원의 지름 AB=$2\sqrt{2}$a이므로
반원의 면적은

$$\frac{1}{2}\times 2\pi a^2=\pi a^2$$

이다. 따라서,

사분원 OADB=반원 ACB

여기에서 활모양 ADB를 빼면

△AOB=초승달 ACBD

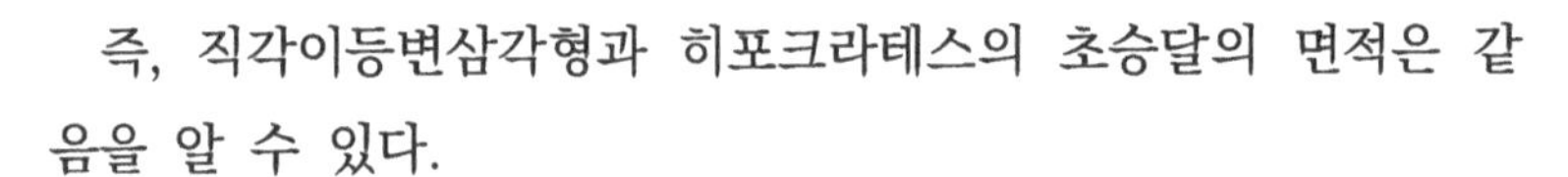

즉, 직각이등변삼각형과 히포크라테스의 초승달의 면적은 같음을 알 수 있다.

* * *

히포크라테스(Hippocrates)는 기원전 5세기의 그리스의 수학자로서 이 초승달의 발견자이다. 이 발견으로부터 직선에 둘러싸인 도형의 면적과 같은 곡선 도형이 있음을 알았다. 이 사실에서 '원의 면적과 같은 정사각형을 만들 수는 없을까?' 하고 생각했다. 이 문제는 원의 면적에 관한 문제로 불리고, 각의 삼등분 문제, 정육면체의 2배의 부피를 갖는 정육면체를 만드는 문제 등과 함께 그리스의 3대 난문으로 유명하다. 이들의 문제는 모두 19세기가 되어서 불가능하다는 것이 증명되었다(자와 컴퍼스만으로 구하는 것은 불가능하다).

10. 완전수

유클리드의 정의에 의하면 자연수 n의 양의 약수 중에서 n 자신을 제외한 값들의 총합이 n 자신과 같을 때에 n을 완전수(完全數)라고 한다.

예를 들면 6의 약수 1, 2, 3, 6에서 6을 제외한 1, 2, 3의 합은 6이 되므로 6은 완전수이다. 또 28의 양의 약수는 1, 2, 4, 7, 14, 28에서

$$1+2+4+7+14=28$$

이므로 28도 완전수이다.

후세에 와서 성서의 해설자는 6과 28을 신성시하고 있다. 즉, 천지창조에 6일이 필요했고, 달의 주기는 28일이라는 이유에서였다.

그럼 다른 하나의 완전수를 찾아보자.

답: 496도 완전수이다.

유클리드(Euclid, B.C. 330?~B.C. 275?)는 기하학을 체계화시킨 『기하학 원론』의 저자로서 유명하다. 이 『원론』은 기하학뿐만 아니라 수의 성질에 관한 설명도 꽤 많이 서술되어 있다. 유클리드는 이 책의 본문 중에 '2^p-1이 소수이면 $2^{p-1}(2^p-1)$은 완전수다'라고 설명하고 있다. 그런데 $2^{ab}-1$은 2^a-1이라는 약수를 갖고 있으므로 2^p-1이 소수라면 p도 소수일 수밖에 없다.

소수 P	메르센누수 2^p-1	완전수 $2^{p-1}(2^p-1)$
2	3	6
3	7	28
5	31	496
7	127	8128
11	23×89	-
13	8191	33550336
17	131071	8589869056
19	524287	137438691328

현재 알려져 있는 최대의 완전수는 P=44497일 때이며, 이것은 6억 자릿수인데 놀랍지 않은가?

* * *

짝수의 완전수는 유클리드가 제시한 것밖에 없다는 것을 18세기의 수학자 오일러(L. Euler)가 증명하였지만 홀수의 완전수가 있는지 없는지는 지금 현재도 알지 못하고 있다.

11. 아르키메데스의 목우(牧牛) 문제

친애하는 친구여!
헬리오스의 소 무리를 세어보라.
옛날, 시실리섬의 도리나키에의 들판에
몇 마리의 소가 풀을 뜯고 있는가를.
소는 털색이 달라 네 무리로 나뉘어서
 하나는 흰색으로, 다른 무리는 흑색으로 빛나고,
 다른 무리는 황색이고, 나머지는 얼룩이었다.
각각의 수소는 다음과 같다.
흰수소는 황색수소보다도
 흑색수소의 $\frac{1}{2}$과 $\frac{1}{3}$의 합만큼 많고
흑수소는 황색수소보다도
 얼룩수소의 $\frac{1}{4}$과 $\frac{1}{5}$의 합만큼 많고
얼룩수소는 황색 수소보다도
 흰수소의 $\frac{1}{6}$과 $\frac{1}{7}$의 합만큼 많고,
각각의 암소는 다음과 같다.
흰암소는 흑소 전부의
 $\frac{1}{3}$과 $\frac{1}{4}$의 합과 같고
흑암소는 얼룩소 전부의
 $\frac{1}{4}$과 $\frac{1}{5}$의 합과 같고
얼룩암소는 황색소 전부의
 $\frac{1}{5}$과 $\frac{1}{6}$의 합과 같고
그리고, 황색암소는 흰소 전부의
 $\frac{1}{6}$과 $\frac{1}{7}$의 합과 같다고 한다.
친애하는 친구여!
헬리오스의 소는 몇 마리인지 대답하라.

답: 소는 전부 50389082의 배수(倍數) 마리

흰색, 흑색, 얼룩, 황색의 수소를 각각 A, B, C, D라 하고, 암소는 각각의 소문자로 나타내자. 그러면,

$A-D=\left(\frac{1}{2}+\frac{1}{3}\right)B$ …①　$b=\left(\frac{1}{4}+\frac{1}{5}\right)(C+c)$ …⑤

$B-D=\left(\frac{1}{4}+\frac{1}{5}\right)C$ …②　$c=\left(\frac{1}{5}+\frac{1}{6}\right)(D+d)$ …⑥

$C-D=\left(\frac{1}{6}+\frac{1}{7}\right)A$ …③　$d=\left(\frac{1}{6}+\frac{1}{7}\right)(A+a)$ …⑦

$a=\left(\frac{1}{3}+\frac{1}{4}\right)(B+b)$ …④

①, ②, ③에서

297A=742D, 99B=178D, 891C=1580D

A=2226G, B=1602G, C=1580G, D=891G

이들을 ④, ⑤, ⑥, ⑦에 대입하면

4657a=7206360G, 4657b=4893246G

4657c=3515820G, 4657d=5439213G

그런데 G=4657g이기 때문에

A=10366482g, a=7206360g

B=7460514g, b=4893246g

C=7358060g, c=3515820g

D=4149387g, bd=5439213g

따라서, 이들 모두의 합은 50389082g가 된다.

12. 아르키메데스의 묘비

아르키메데스는 그리스의 식민지인 시실리섬의 시라쿠사에서 태어나 생애를 그곳에서 보냈다. 로마군이 공격해 왔을 때 아르키메데스는 지면에 원을 그리고 사색에 빠져 있었다. 한 로마 병사가 지면의 원을 밟자 아르키메데스는 "감히 내 원을 밟느냐!"라고 외쳐서 가엽게도 그 병사에게 사살되었다.

위대한 아르키메데스의 죽음을 애도한 적장 마르켈루스는 아르키메데스의 명예를 위해서 묘비를 세우고 그 묘비에 원기둥에 내접하는 구의 그림을 새겼다고 한다.

밑면의 지름과 높이가 같은 원기둥과 그에 내접하는 구와 원기둥과 밑면이 공통이고 높이가 같은 원뿔이 있다. 원뿔과 구와 원기둥의 부피비를 구하라.

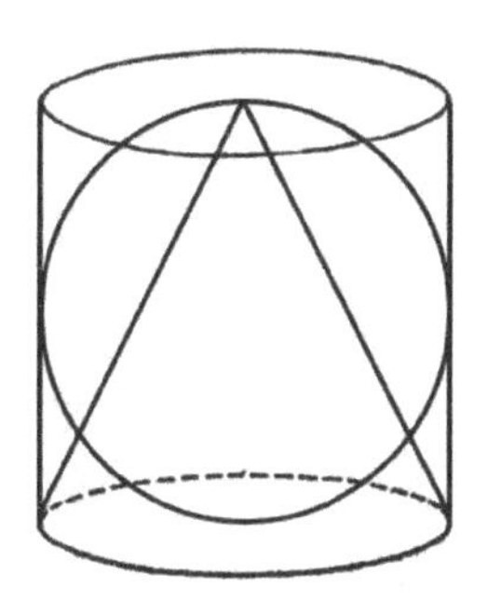

답: 원뿔 : 구 : 원기둥=1 : 2 : 3

원기둥의 밑면의 반지름을 r, 높이를 h라고 하면

원기둥의 부피=$\pi r^2 h$

원뿔의 부피=$\frac{1}{3}\pi r^2 h$

이다. 한편

구의 부피=$\frac{4}{3}\pi r^3$

이지만, 이 경우에 구가 원기둥에 내접하고 있으므로 h=2r이다.

원뿔 : 구 : 원기둥

$= \frac{2}{3}\pi r^3 : \frac{4}{3}\pi r^3 : 2\pi r^2 = 1 : 2 : 3$

이 된다.

아르키메데스는 이런 멋진 관계를 발견했을 때 대단히 기뻐했고 자신의 묘에 이 관계를 새기고 싶다고 말했다고 했다. 마르켈루스는 아르키메데스의 뜻을 알고 이와 같은 묘비를 만들었다.

* * *

아르키메데스는 수학자면서 물리학에도 많은 공적을 남기고 있다. 왕관에 금 이외의 것이 섞였는지 아닌지를 왕관을 부수지 않고 조사하라고 임금님으로부터 명령을 받고 아르키메데스는 '어떻게 비중을 재면 좋을까'에 고민하고 있었다. 어느 날, 목욕탕에 들어갔을 때 갑자기 부력의 원리가 머릿속에 떠올랐다. "알았다!"라고 외치면서 옷을 벗은 채로 집으로 뛰어갔다고 한다.

13. 지구의 반지름

그리스의 수학자 에라토스테네스(Eratosthenes, 기원전 3세기)는 다음과 같이 지구의 반지름을 측정하였다.

하지(夏至)인 날의 정오에 이집트의 쉐네(현재 아스완 댐의 근처)의 깊은 우물의 밑까지 태양빛이 닿고, 수면에 태양의 모습이 비치어 빛이 빛나는 것이 알려져 있다. 그곳에서 5000스타지온만큼 북쪽으로 나간 알렉산드리아에서는 같은 시각에 막대가 짧은 그림자를 떨어뜨렸지만 수직으로 세웠던 막대의 길이와 그림자의 관계에서 막대와 빛이 이루는 각은 7°12′라는 것을 알았다.

1스타지온이 161m라면 지구의 반지름을 구하라.

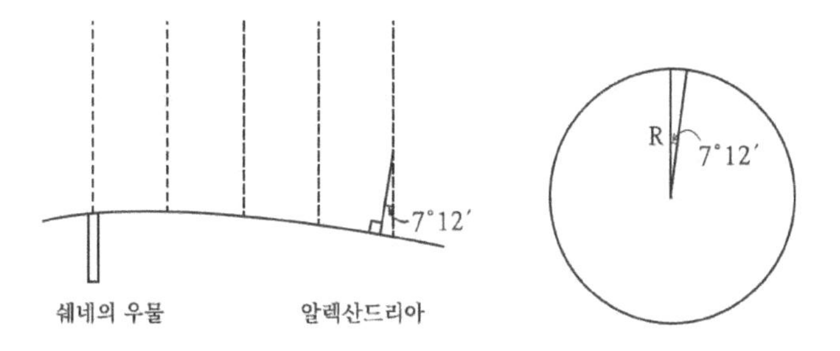

답: 6406㎞

5000스타지온은 805㎞이므로 지구의 반지름이 R이면

$$\frac{\pi R}{180°}=\frac{805}{7.2°}$$

라는 비례식이 성립하므로

$$R=\frac{180\times805}{7.2\pi}=6406(㎞)$$

가 얻어진다.

실제로 북극에서 적도까지 자오선 길이의 $\frac{1}{10000}$을 1㎞라고 정했으므로 지구의 전체 둘레는 4만 ㎞이다. 따라서,

$$2\pi R=40000$$

$$R=6366(㎞)$$

로 된다.

에라토스테네스가 구한 값은 대단히 정밀한 값임을 알 수 있다.

* * *

에라토스테네스는 '에라토스테네스의 늙은이'라는 이름이 남아 있는 것처럼 소수의 표를 간단하게 만드는 방법의 고안자로 알려져 있다.

14. 디오판토스의 묘비

희망한 묘에
디오판토스가 잠드시다.
아아, 위대한 사람이여!
그 생애의 $\frac{1}{6}$을
어린이로 보냈고
$\frac{1}{12}$의 세월 후에는
뺨 전체에 수염이 거의 자랐고
그 후 $\frac{1}{7}$이 지나서
화촉을 밝히시다.
결혼 5년 후에
아들 하나를 얻으셨다.
아아, 불행한 자식이여!
아버지 전 생애의 반에
이 세상을 떠나다니….
아버지, 디오판토스는
그 슬픔의 4년 후에
생애를 마감했다.

(그리스 시화집에서)

이 시에서 디오판토스는 몇 살에 이 세상을 떠났는가?

답: 84세

디오판토스가 x세에 세상을 떠났다고 하자. 그러면,

$$x = \frac{1}{6}x + \frac{1}{12}x + \frac{1}{7}x + 5 + \frac{1}{2}x + 4$$

라는 식이 성립하므로

$$x = 84$$

가 얻어진다.

* * *

디오판토스(Diophantos, 240?~330?)는 대수학의 아버지라고 불린다. 로마 시대의 그리스 사람이면서 기하학 중심이었던 그리스인과는 다른 면을 갖고 있었다. 충분히 기호화된 대수학이라고 하지는 않더라도, 그때까지의 그리스인과 같이 수식을 도형으로 표현한 것도 아니고, 그 이후의 아라비아인처럼 말로 전부를 설명한 것도 아닌 약기법(略記法)을 이용한 대수학을 사용하고 있었다.

특히, 식의 수보다 미지수가 많은 부정방정식의 연구는 놀라운 연구가 되었다. 그래서 그와 같은 부정방정식을 '디오판토스 방정식'이라고 한다. 근세 유럽의 수학자에게 준 영향은 대단히 크다.

15. 식사값

카이오스와 셈프로니우스는 함께 식사를 하게 되어 카이오스는 7접시의 요리를, 셈프로니우스는 8접시의 요리를 준비했다. 그런데 치토스가 갑자기 방문하였으므로 세 사람이 음식을 공평하게 나누었다.

식후에 치토스는 카이오스에게 14데나리를, 셈프로니우스에게는 16데나리를 지불했다.

그런데 셈프로니우스는 이 할당에 불복하여 투쟁을 법정으로 가져왔다. 치토스의 지불 총액을 30데나리로 해서 재판관은 어떻게 판정하면 좋을까?(데나리는 고대 로마의 은화 명칭이다)

답: 카이오스에게 12데나리,
센프로니우스에게 18데나리를 지불하라.

조금 생각해 보면 최초에 준비한 것은 카이오스가 7접시이고, 센프로니우스는 8접시이므로 치토스는 7 : 8의 비율로 지불하면 된다고 생각할 수 있다.

그러나 치토스는 카이오스에게서 2접시, 센프로니우스에게서 3접시를 받았으므로 2 : 3의 비율로 지불하는 게 타당하다. 따라서 카오스에게 12데나리, 센프로니우스에게 18데나리를 지불하면 된다.

* * *

로마인들은 쓸모 있는 학문이 아니면 의미가 없다고 생각했다. 따라서 그토록 번창하던 그리스 수학도 로마 시대에는 매우 초라하게 쇠퇴했다.

얼핏 보기에는 무익하다고 생각되는 유희의 마음으로 수학에 열중했던 그리스에서는 수학이 번창하고, 유희의 마음을 갖지 않고 실용에만 눈을 뜬 로마에서는 수학이 번창하지 않았다는 사실은 흥미 있는 교훈이라고 할 수 있다.

2장

중세의 퍼즐—미로

▣ 미로에 대해

미로를 의미하는 말인 메이즈(Maze)는 영어의 고어로서 '깜짝 놀라게 하다(Amaze)'와 같은 뜻이다. 한편, 미로, 미궁에는 그리스어에서 유래하는 '래버린스(Labyrinth)'라고 하는 말도 있다.

이런 의미에서 보아도 미로, 미궁은 먼 옛날부터 있었음을 알 수 있다. 고대 이집트에서도 도굴을 방지하기 위해서 미로를 만들었다고 하며, 그리스에서는 다이달로스가 크레타섬의 미노스 왕에게 명령받아 만든 미로가 유명하다. 그리스 신화에 의하면 이 미로 안에 무서운 괴물인 미노라우로스가 살고 있어, 이 안에 들어간 사람은 한 사람도 밖으로 나온 일이 없고, 이 괴물의 먹이가 되었다고 한다. 아테네의 사람들은 7명의 청년과 7명의 처녀를 정기적으로 데려다 산 제물로서 드렸는데, 결국 용감한 테세우스가 이 괴물을 퇴치하고 미녀 아리아드네로부터 받은 명주실을 풀어서 무사히 미로를 탈출할 수 있었다고 한다.

12세기경 영국의 우드스톡 공원 내에 세워진 로자몬드 궁전의 이야기도 잘 알려져 있다. 헨리 2세는 애첩 로자몬드를 왕비 에레나로부터 숨기기 위해 이 미궁을 만들었으나 에레나는 아리아드네의 명주실과 같은 방법으로 궁전의 중앙까지의 경로를 발견하여 불쌍한 로자몬드를 독살하였다고 하는 이야기가 전해지고 있다.

일본의 이치카와(市川)시 야하타(八幡)에 있는 대나무 숲은 저편이 한눈에 보이지만 안에 들어가면 나올 수가 없다고 하여 '야하타의 알지 못하는 숲'이라고 불렸다. 대나무 울타리를 엮

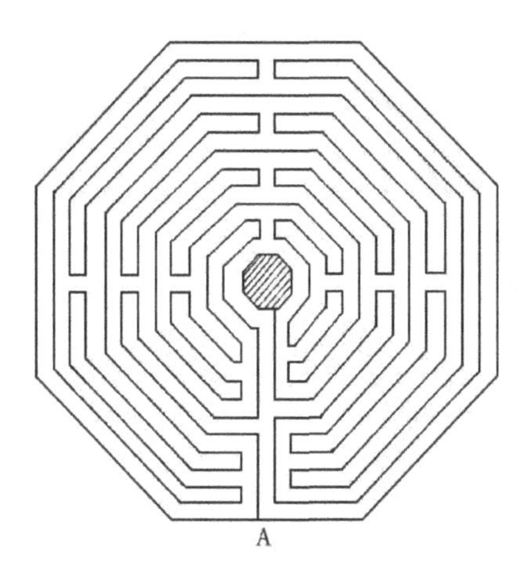

〈그림 2-1〉 센트 쿠엔첸의 미로

어 미로를 만들어서 입장료를 받고 무난히 밖으로 나온 사람에게는 상품을 주는 '야하타 숲'은 여기에서 연유한 것이다.

미로는 원래 동굴이나 숲, 산길 등의 자연현상이었지만 도난방지용으로서 인공적으로 만들어져 왔다. 또 인간의 불안, 망설임 등을 의미하는 종교적인 상징으로서도 사용되어 왔다. 12세기 초 센트 쿠엔첸의 교회에 있는 미로(그림 2-1)는 그런 종교적 의미를 갖고 있다. 여기서는 선 자체가 길이므로 A점에서 출발하여 선을 따라서 더듬어가면 중앙에 당도할 수 있어서 퍼즐적인 의미는 없다. 샤톨 대성당의 미로도 그리스도 극형의 모습의 행렬에 따라 참회하는 사람들에 의해서 사용되었지만 미로 탈출은 간단하다(〈그림 2-2〉 참조).

한편 미로를 소형화해서 한 장의 타일 위에 나타낸 것도 자주 있었던 것 같다. 이와 같은 예로서는 루카 대성당의 미로가 있다. 이것은 복도의 기둥에 있는 것으로 지름이 20㎝보다 작다

〈그림 2-2〉 샬톨 대성당의 미로

〈그림 2-3〉 루카 대성당의 미로

〈그림 2-4〉 햄프톤 코트의 미로

(〈그림 2-3〉 참조).

19세기의 어떤 작가는 '많은 사람들의 손가락으로 더듬어졌기 때문에 지금은 중앙 부분이 거의 닳아서 떨어져 있다'라고 기록하고 있다(이것도 센트 쿠엔첸의 미로와 마찬가지로 선이 통로를 나타내고 있다).

종교개혁 이후에 미로는 종교적 의미를 잃고 놀이로서의 미로가 되었다. 돌담 나무 울타리로 만든 미로나 잔디밭을 깎아 손질한 미로 등이 정원의 한가운데에 만들어졌다. 영국의 윌리엄 3세를 위해서 1690년에 만들어진 햄프톤 코트(Hampton Court)의 미로는 현재에도 존재하며 가장 유명하다(〈그림 2-4〉 참조).

조금 더 복잡한 것으로 햇트필드가의 미로(그림 2-5)가 있다. 유희성이 강해지면서 복잡하게 되었지만 보는 대로 빠져나가는 것은 그렇게 곤란하지는 않았다. 그러나 지면에서는 전체가 한눈에 보이지 않기 때문에 간단한 미로라도 좀처럼 빠져나갈 수가 없다.

미로를 빠져나가려면 어떻게 해야 할까?

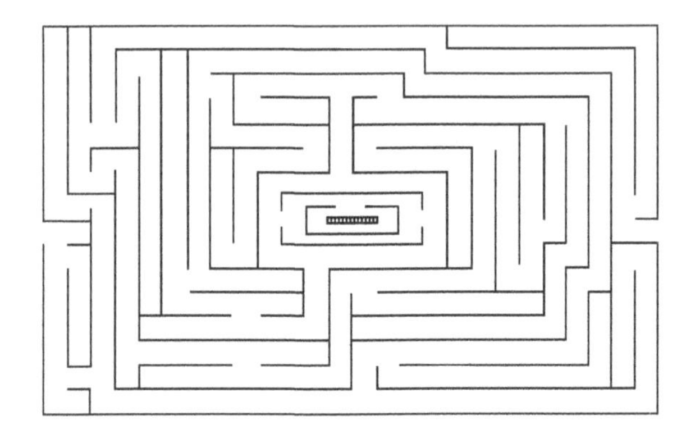

〈그림 2-5〉 햇트필드가의 미로

첫 번째 방법은 아리아드네의 실을 사용하는 방법이다. 안으로 들어가면 역으로 실을 더듬어서 밖으로 나올 수가 있다. 그러나 이 방법은 미로 안의 목표로 하는 장소에 반드시 당도한다고만 할 수는 없으므로 불완전하다.

두 번째 방법은 '벽을 오른손으로 만지면서 나가라'는 방법이다. 이 지침은 햄프톤 코트의 길 안내로 쓰여 있는 내용이다. 햄프톤 코트에서는 입구의 벽과 중앙의 목표 장소의 벽이 연결되어 있으므로 이 지침은 유효하다. 그러나 목표 장소의 벽과 입구의 벽이 연결되어 있지 않을 때는 그렇게 갈 수 없다. 예를 들면 햄프톤 코트에는 중앙의 우측에 ㄹ자형의 벽이 있지만 이 벽은 고립되어 있으므로 입구에서 오른쪽 벽을 계속 만졌다고 해도 이 벽에 손이 닿는 일이 절대로 없다.

햇트필드가 미로의 경우에 중앙의 목표 장소의 벽은 고립되어 있으므로 '우측 벽을 만지면서 나가라'는 지침에 따라 가면 중앙에 도달할 수가 없다.

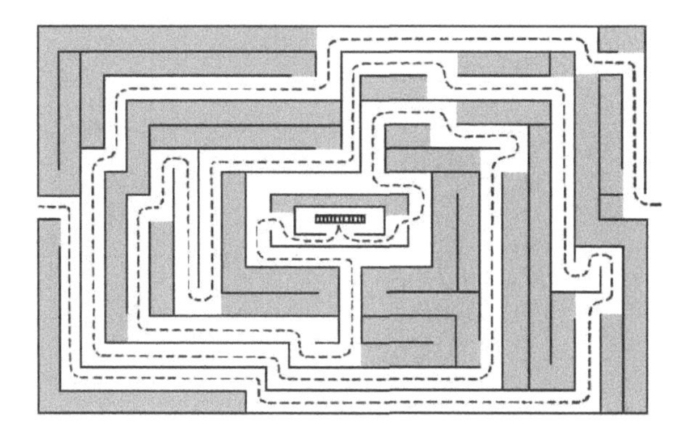

〈그림 2-6〉

세 번째 방법은 미로의 도면을 보면서 계획을 세우는 방법이다. 세 방향으로 둘러싸인 곳을 사선으로 지운다. 이렇게 하면 쓸모가 없는 길은 전부 지워져 버려서 필요한 길만 남는다. 햇트필드가의 미로에 대해서 이 수법을 사용하면 〈그림 2-6〉과 같이 된다.

네 번째 방법을 설명하기 위해서 일필(一筆)쓰기의 원리를 설명하자. 일필쓰기 문제의 발생은 쾨니히스베르크의 다리 문제(Königsberg Bridge Problem)이다. 쾨니히스베르크는 현재 러시아 지역으로 칼리닌그라드로 부르고 있지만 독일의 철학자 칸트가 살던 곳으로도 유명하다. 18세기 초에 이 마을의 가운데를 흐르고 있는 프레겔 하천에 7개의 다리가 세워져 있었다. 문제는 '같은 다리를 2번 건너지 않고 이들 7개의 다리를 전부 건널 수 있을까?'였다. 이 다리 건너기 문제의 네 지점을 점으로 나타내고, 다리를 선으로 표시하면 〈그림 2-8〉과 같이 간단

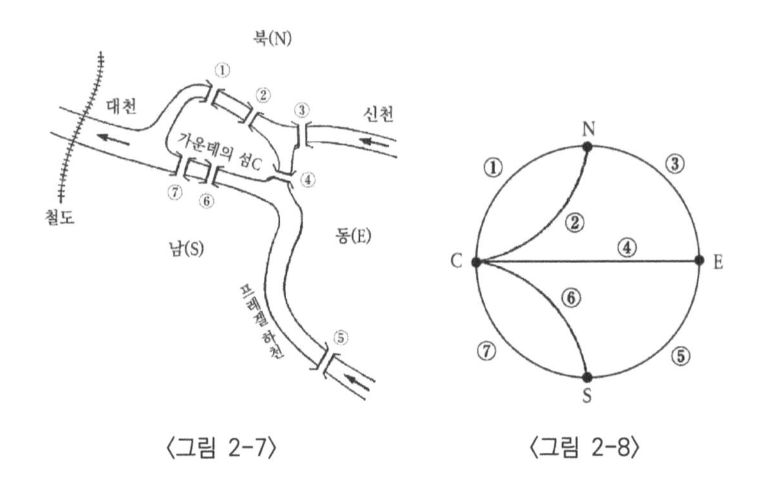

〈그림 2-7〉 〈그림 2-8〉

한 도형이 된다. 게다가, 어느 다리라도 한 번만 지난다고 하는 것은 이 새로운 도형의 어느 선도 한 번만 통과한다는 일필쓰기의 문제이다.

일필로 쓴 도형에는 반드시 쓰기 시작한 점(시점)과 끝난 점(종점)이 있고, 도중의 점은 모두 들어가는 선이 있으면 반드시 나오는 선이 있다. 어떤 점으로 모인 선의 수가 짝수개, 홀수개 있음에 따라 그 점을 짝수점, 홀수점이라고 하면 일필쓰기 도형의 도중에 있는 점은 모두 짝수점이 된다. 만약에 시점과 종점이 다르면 시점과 종점만은 홀수점이고 다른 모든 점들은 짝수점이 된다. 시점과 종점이 일치할 때에는 모든 점이 짝수점이다. 따라서 일필쓰기의 원리인 '일필로 쓴 도형의 홀수점의 수는 0개나 2개이다'가 성립한다.

그런데 쾨니히스베르크의 다리 건너기의 문제에는 홀수점의 수가 4개 있으므로 일필로서는 쓸 수 없다. 이것이 오일러에 의한 증명이다.

그러나 모든 다리를 두 번 건넌다고 하면 어떤 다리 건너기도 가능하다. 왜냐하면 일필쓰기로 모든 선을 2번 지나는 것이 되기 때문에 모든 점이 짝수점이 되므로 가능하게 된다.

이 생각을 미로의 문제에 적용해 보자. 미로 안의 모든 길을 2번 지난다고 하면 미로 안의 모든 점은 짝수점이 되므로 미로 안을 구석구석까지 2번씩 지나 다시 밖으로 나올 수가 있다.

실제로 미로에 도전하는 것은 프랑스의 트레모가 고안한 법칙에 따르는 것이 좋다.

(1) 새로운 길에서 새로운 갈림길에 다다랐을 때 어느 길이든 좋으므로 새로운 길로 나아간다.

(2) 막다른 길에 다다르면 지금 온 길을 되돌아간다.

(3) 옛길(한 번 지난 길)을 지나서 갈림길에 왔을 때는 새로운 길이 있으면 그 길로 나아가고 새로운 길이 없으면 옛길로 나아간다.

(4) 물론 두 번 통과한 길은 다시 나아갈 수 없다.

이와 같은 방법으로 가면 결국 모든 길을 두 번씩 통과하게 되어 수고는 두 배가 들지만 그 대신에 확실히 목적을 달성할 수 있다.

이와 같이 미로는 정복되었지만 미로의 흥미는 없어지지 않았다. 최근의 퍼즐책에 미로가 많이 고안되어 출제된 것을 보아도 알 수 있다. 여기에서 유명한 미로를 몇 가지 소개해서 독자의 도전을 기대해 보자. 〈그림 2-9〉는 듀도니의 저서에 나와 있는 것으로 '중앙으로 가는 최단 노선을 찾을 수 있을까?'로 되어 있다.

듀도니의 저서 안에서 다른 문제 '로자몬드의 은신처'를 채택

〈그림 2-9〉

하자. 헨리 2세가 로자몬드를 숨겼다고 하는 전설에 연유하여 만들어진 것이지만 물론 듀도니의 창작이다(그림 2-10).

조금 복잡한 미로의 예로서 불이 자택의 정원에 그린 미로를 소개하고자 한다. 오른쪽 밑 구석의 입구로 들어가 중앙으로부터 조금 왼쪽 밑의 ○표 있는 곳까지 가는 통로를 발견하기 바란다(그림 2-11).

최근에는 더 복잡한 미로가 고안되어 정원으로 공개된 것도 있고 도면뿐이지만 매우 복잡한 미로를 컴퓨터를 사용하여 작성하기도 하고 그러한 미로만을 모은 책도 출판되고 있다. 이와 같은 미로를 정복하는 데 절차가 있는 것은 이미 알고 있으므로 이제는 끈기만이 문제라고 할 수 있다. 따라서 퍼즐적 흥미는 희박해져 있다고 할 수 있다.

〈그림 2-10〉

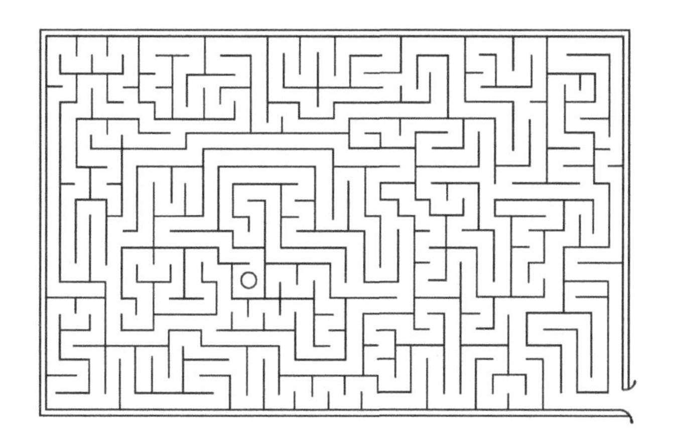

〈그림 2-11〉

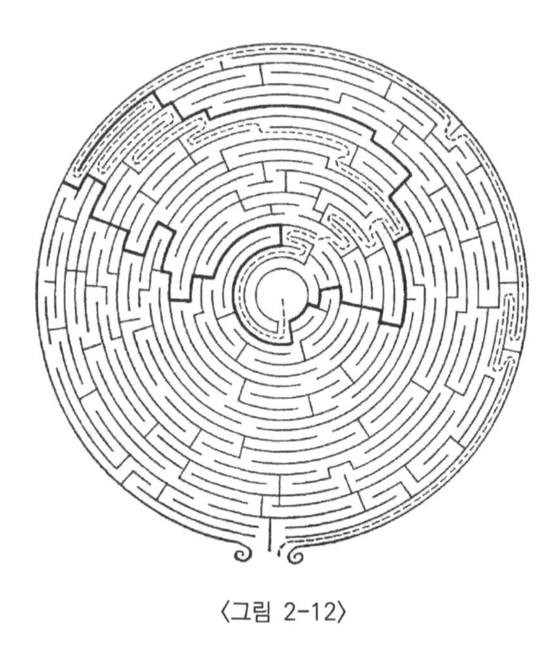

〈그림 2-12〉

그런데 최근에는 심리학의 동물실험 등에 미로를 이용하는 일이 종종 있는 듯하다. 동물은 어느 정도의 지능을 가지고 있을까?

어떻게 학습하는가를 조사해 보면 하등인 지렁이까지도 두 갈래로 갈라진 정도의 미로라면 충분히 가르칠 수 있을 것 같기도 하고, 개미 정도 되면 선택의 길이 열 개나 되는 미로도 학습할 수 있다고 한다.

동물뿐만 아니라 인공적인 로봇의 학습 연구에도 미로는 뺄 수 없다. 미로는 혼미의 상징만이 아니고 지능과 학습 연구의 도구로서의 가치를 가지고 있다고 할 수 있다.

마지막으로 미로의 해답을 보자. 듀도니의 미로 중 최초의 것은 〈그림 2-12〉로 점선대로 나가면 좋겠지만 굵은 실선은

〈그림 2-13〉

〈그림 2-14〉

중앙의 목적지를 구별하는 두꺼운 벽을 나타내고 있다.

듀도니가 만든 '로자몬드의 은신처'는 세 방향이 막힌 통로를 빈틈없이 칠해보면 점선으로 보인 길이 두드러지게 나타난다(그림 2-13). 또 불의 정원의 미로도 세 방향이 막힌 벽을 빈틈없이 칠하면 입구에서 ○표까지의 길이 자연스럽게 보인다(그림 2-14).

16. $\sqrt{2}$의 근사치

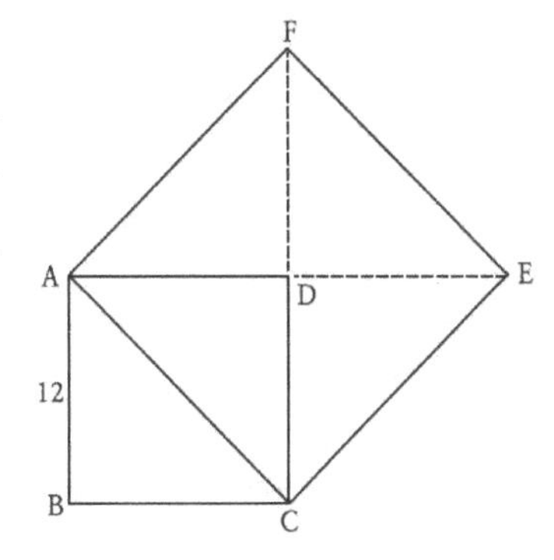

한 변의 길이가 12인 정사각형 ABCD가 있다. 그 대각선 AC를 한 변으로 하는 정사각형 ACEF의 넓이는 원래의 정사각형 ABCD의 넓이의 두 배이다. 즉,

$$AC^2=2\times AB^2$$
$$=2\times 12^2=288$$
$$≒289=17^2$$

이므로 AC≒17로 생각할 수 있다. 그러므로

$$\sqrt{2}=\frac{AC}{AB}≒\frac{17}{12}=1.4166\cdots\cdots$$

이다.

좀 더 자세하게 근사치를 구하기 위해

$$(17-x)^2=2\times 12^2$$

으로 놓고 근사치를 구하라.

답: $\sqrt{2} \fallingdotseq \frac{577}{408}$=1.4142156……

$(17-x)^2=2\times12^2$

$289-34x+x^2=288$

x는 작은 수이므로 x^2은 더 작은 수가 된다. 따라서 x^2은 무시하고 계산하자.

$289-34x \fallingdotseq 288$

그러므로 $x \fallingdotseq \frac{1}{34}$

$\left(17-\frac{1}{34}\right)^2 \fallingdotseq 2\times12^2$

이므로

$\sqrt{2} \fallingdotseq \frac{1}{12}\times\frac{17\times34-1}{34}=\frac{577}{408}$

좀 더 상세한 근사치를

$(577-y)^2=2\times408^2$

을 이용하여 계산하면

$\sqrt{2} \fallingdotseq \frac{1}{408}\times\frac{577\times1154-1}{1154}=\frac{665857}{470832}$

이 된다.

* * *

기원전 6세기경의 인도의 수학서 『승뉴(繩紐)의 법칙』에 나와 있다.

17. 요셉의 문제

15인의 그리스도교도와 15인의 터키인이 승선한 배가 난파되었다. 선장은 30명 중 반수인 15인을 희생시키지 않는 한 이 배는 가라앉는다고 선언했다.

그곳에 30명 전원이 원형으로 앉아 시곗바늘이 움직이는 방향으로 세어 나가 9번째 되는 사람을 바다에 던지고 그 다음부터 세어서 또 9번째 사람을 바다에 던져 넣는다고 하는 식으로 9번째마다의 사람을 희생시키도록 했다. 그리스도교도는 터키인이 희생되도록 30명을 배치했던 것 같은데 어떻게 배치했을까?

답: 그리스도교를 ○로, 터키인을 ●로 나타내어 아래 그림과 같이 배치하여 화살표의 그리스도교도부터 오른쪽으로 세기 시작했다.

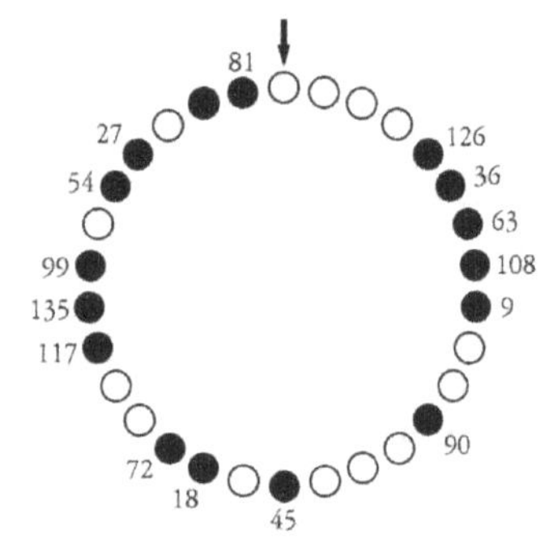

이 문제의 원형은 이미 4세기경의 책인 유태의 역사가 요셉(1세기경)이 어려움을 면했던 이야기로 나와 있다.

요셉과 40인의 유태인들은 적의 눈을 피해서 지하실에 숨어 있었다. 적에게 죽음을 당하는 것보다 자해하는 편이 낫다고 하여 41명이 원형으로 둘러앉아 세 번째의 사람이 순차적으로 자해하기로 했다. 자해에 의문을 갖고 있던 요셉과 친구는 16번째와 31번째에 있었기 때문에 어려운 고초를 면하였다.

* * *

일본의 무로마치 시대(室町時代)에 '자식 대 잇기'라는 이름의 바둑판 놀이가 어린이들 사이에 유행했다. 서자 15명과 적자 15명인 합계 30명을 원으로 해서 10번째마다의 어린이를 없애서 마지막으로 남은 어린이에게 대를 잇게 하자고 하는 놀이였다.

에도 시대의 수학자 세키 다카카즈(關孝和, 1642?~1708)는 '자식 대 잇기'의 수리를 연구했다.

18. 역산(逆算)

반짝이는 눈동자의 아가씨
역산의 방법을 알고 있나요?
그렇다면 해보세요.
하나의 수가 있는데
우선 그 수를 3배 하고
그 값의 $\frac{3}{4}$을 늘립니다.
다음에 7로 나누고
몫의 $\frac{1}{3}$을 빼고
그 값을 제곱합니다.
다시 52를 뺀 다음에
그 제곱근에 8을 더해
10으로 나누어 보면
마지막에는 2가 됩니다.
원래의 수는 얼마일까요?

답: 28

인도인들은 마지막의 답인 2로부터 역으로 풀어 갔다.
2를 10배 하면 20
그 값에서 8을 빼면 12
그 값을 제곱하면 144
그 값에 52를 더하면 196
그 값의 제곱근을 구하면 14
그 값을 $1-\frac{1}{3}=\frac{2}{3}$로 나누면 21
그 값을 7배 하면 147
그 값을 $1+\frac{3}{4}=\frac{7}{4}$로 나누면 84
그 값을 3으로 나누면 28
이것이 답이다.
이것을 현대에는 처음에 주어진 수를 x로 놓고 식을 세우면

$$\frac{1}{10}\left[\sqrt{\left\{\frac{3x\times\left(1+\frac{3}{4}\right)}{7}\times\left(1-\frac{1}{3}\right)\right\}^2-52}+8\right]=2$$

가 된다.

* * *

인도의 수학자 아리아바타(Aryabhata, 476~550)의 저서 『아리아바티얌』에 역산에 대해 다음과 같이 설명되어 있다.

'역산법에 있어서는 승수는 제수로, 제수는 승수로, 가수는 감수로, 감수는 가수로 된다'

위 문제는 이 책의 해설서를 쓴 12세기의 인도의 수학자 바스카라 II세의 저서 『릴라바티』에 나와 있다. 인도의 수학서의 다수에는 이와 같이 시가 쓰여 있다.

19. 기호대수(記號代數)의 시초

인도에서는 37을 나타낼 때 정수를 의미하는 ru를 앞에 붙여 ru37로 썼다. -37은 ru3̇7처럼 위에 점을 찍고 $\sqrt{37}$은 ku37과 같이 나타냈다.

미지수 x, y, z 등을 표현하는 데에 ya, ka, ni 등의 기호를 이용했다. 더욱이 x^2은 ya va, x^3은 ya gha 등으로 썼다.

가법은 단순히 나열해서 나타냈는데 $3x+5$는 ya3ru5가 된다. 또 두 개의 식을 상하로 써서 나열하여 상하 두 식이 같음을 나타냈다.

인도의 수학자 브라마굽타(Brahmagupta, 598~660?)는 다음과 같은 방정식을 세웠다. √

ya va0 ya10 ru8̇

ya va1 ya0 ru1

이 방정식을 풀어 보라.

답: 1과 9

방정식은

$0x^2+10x-8=1x^2+0x+1$

이 되므로

$x^2-10x+9=0$

이것을 풀면

$x=1,\ 9$

* * *

인도의 수학자들은 근세에 들어서면서부터 기호대수에는 영향을 미치지 않을지라도 대수학의 아버지인 그리스의 디오판토스보다 우수한 약기법에 의한 수식 표현을 했다.

또, 인도인들은 현재 사용되고 있는 아라비아 수학을 발명하고 특히 0를 이용한 인도 기수법은 근세 이후의 유럽에 커다란 영향을 주었다.

위의 예에서도 알 수 있듯이 빈 자릿수를 나타내기 위해서 0만이 아니라 대수에 있어서 0의 성질

$a\pm0=a,\qquad 0+a=a$

$a-a=0$

$a\times0=0,\qquad 0\times a=0$

$0\div a=0$

을 잘 알고 있었다.

20. 유산상속

어떤 사람이 죽기 전에 재산의 분배 방법에 대해서 다음과 같이 유언을 했다.

(1) 4명의 아들에게는 평등하게 분배할 것.

(2) 어떤 한 사람의 은인에 대해서는 아들 한 명의 몫에 1질햄을 더한 금액에다 전 재산의 $\frac{1}{3}$에서 아들 한 명의 몫을 뺀 금액의 $\frac{1}{4}$을 더한 금액을 줄 것.

그럼 전 재산이 a질햄이라면 아들 한 명의 몫과 은인에게 줄 금액을 구하라.

답: 아들 한 명은 $\frac{11a-12}{57}$ 질햄, 은인은 $\frac{13a-48}{57}$ 질햄

아들 한 명의 몫을 x질햄, 은인에게 줄 몫을 y질햄이라고 한다면

$$a=4x+y$$

$$y=x+1+\frac{1}{4}\left(\frac{1}{3}a-x\right)$$

이 되므로, 이것을 풀면

$$x=\frac{11a-12}{57},\ y=\frac{13a-48}{57}$$

이 얻어진다.

a, x, y가 모두 정수라면 임의의 정수 n에 대해서

$$a=57n+27,\ x=11n+5,\ y=13n+7$$

* * *

아라비아의 수학자 알콰리즈미(Alkhwarizmi, 780?~850?)의 저서 『복원과 축소의 과학(Al-Jabr wa-al-Muqabala)』의 안에 나와 있다.

알 자블(Al-Jabr)이란 방정식 중의 음의 항을 다른 항으로 이항하는 변형이다. 이 말은 대수를 의미하는 영어 algebra의 어원이 되고 있다. 또, 무카바라(Muqabala)란 방정식의 양변의 동류항을 비교해서 큰 쪽에서 작은 쪽을 빼주는 변형이다.

즉, 알 자블도 무카바라도 방정식의 동치 변형의 일종이다.

이와 같은 방정식의 변형술을 '알콰리즈미의 방법'이라 하고, 이것이 후에 '산법'이라는 것을 의미하는 영어 algorithm으로 전화(轉化)한 것이다.

21. 두 마리의 새

폭 50로구치인 강의 양쪽 기슭에 높이 20로구치와 30로구치의 종려나무가 자라고 있다. 각각의 종려나무 꼭대기에 새가 앉아 수면에 있는 한 마리의 고기를 노리고 있다. 두 마리의 새가 동시에 날아 일직선으로 그 고기를 습격하여 동시에 그 고기가 있는 곳에 도착했다.

두 마리 새의 속도는 같다고 하고 그 고기의 위치를 구하라.

답: 높이 20로구치의 종려나무 기슭에서 30로구치인 곳

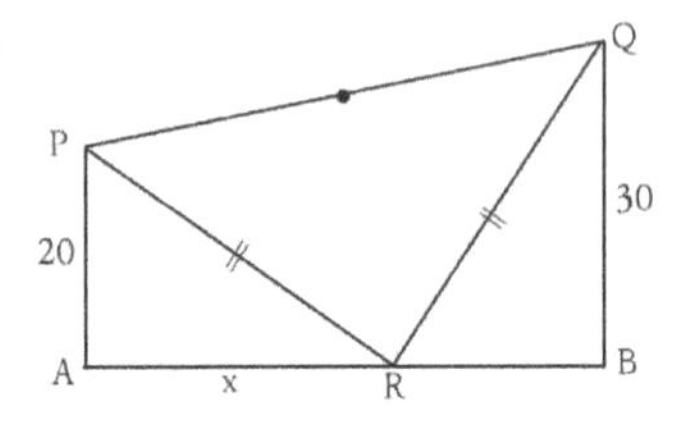

높이 20로구치의 종려나무가 강 기슭 A에 심겨 있고 그 꼭대기를 P로 하자. 또, 높이 30로구치의 종려나무가 반대 기슭의 B에 심겨 있고 그 꼭대기를 Q라고 하자. 고기가 A에서 x로구치의 점 R에 있다고 하면 PR=QR이므로 세제곱의 정리에 의해서

$$x^2+20^2=(50-x)^2+30^2$$

이 성립하므로 $x=30$이 얻어진다.

다른 해를 구해보자.

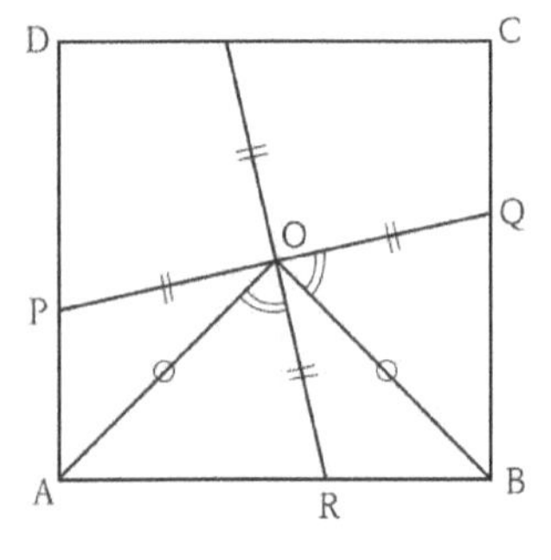

사다리꼴 PABQ와 합동인 사다리꼴을 붙여서 정사각형 ABCD를 만들면 PQ의 중점 O는 이 정사각형의 중심이므로

$$\triangle OAR \equiv \triangle OBQ$$

가 되고, AR=BQ=30이 얻어진다.

* * *

아라비아의 수학자 알카루힐(Al-Karuhil)이 11세기 초에 쓴 책 『산술의 본질(Al-Kafi fi al-Hisab)』에 나와 있다.

22. 정구각형

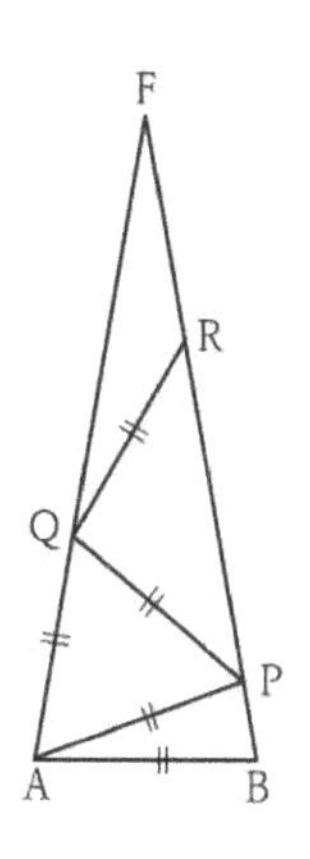

정구각형 ABCDEFGHI가 있다. 그러면 △AFB는 꼭지각 20°, 밑각 80°인 이등변삼각형이다.

AB=AP=AQ=QR

이 되도록 꺾은 선 APQR를 만들면

AB=PQ=RF

가 된다. 여기에서 AB=a, AF=x로 했을 때 a와 x의 관계식을 구하라.

답: $x^3-3ax^2+a^3=0$

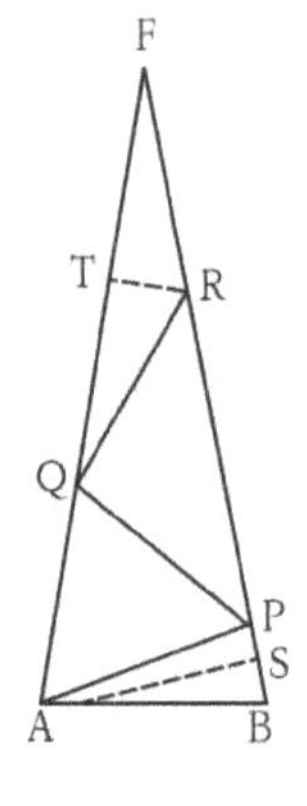

△ABP와 △FAB는 닮은꼴이므로

BP : AB=AB : FA

BP : a=a : x

가 되므로

$$BP=\frac{a^2}{x}$$

또 BP의 중점을 S, FQ의 중점을 T로 하면 △FAS와 △FRT는 닮은꼴이므로

FA : FS=FR : FT

$$x : \left(x-\frac{a^2}{2x}\right)=a : \frac{x-a}{2}$$

이 되므로 이 식을 변형하면

$$x^3-3ax^2+a^3=0$$

이 얻어진다.

* * *

이 문제는 11세기 초 아라비아의 수학자 알비루니(Albiruni, 973~1048)가 고안한 것이다. 당시의 아라비아는 3차 방정식에 귀착되는 문제를 많이 다루고 있었다.

11세기 후반 아라비아의 위대한 시인이며 수학자인 우마르 카얌(Omar Khayyam, 1040~1123)은 3차 방정식의 해는 자와 컴퍼스만으로는 구할 수 없음을 알고 있었다. 그럼에도 불구하고 3차 방정식의 해를 두 개의 2차 곡선의 교점에 의해 구했다.

23. 벌의 무리

벌 무리의

$\frac{1}{5}$은 카탄바의 꽃에

$\frac{1}{3}$은 시리도라의 꽃에

그들의 차의 3배의 벌들은

협죽도의 꽃에 날아갔다.

남겨진 한 마리의 벌은

케타키의 향기와

자스민의 향기에 갈팡질팡하다가

두 사람의 연인에게

말을 시킬 것 같은 남자의 고독처럼

허공에서 방황하고 있도다.

벌의 무리는 몇 마리인가?

답: 15마리

벌이 x마리가 있다고 하면

$$x=\frac{1}{5}x+\frac{1}{3}x+3\left(\frac{1}{3}x-\frac{1}{5}x\right)+1$$

이라는 식이 성립하므로 이 식을 풀면

$x=15$

가 얻어진다.

* * *

바스카라 Ⅱ세(Bhaskara Ⅱ, 1113?~1185?)의 저서 『릴라바티』에 나와 있는 문제이다. 릴라바티는 인도에서는 여성의 이름으로 사용되며 릴라바티는 바스카라 Ⅱ세의 딸이라고 하는 전설이 있다. 어느 정도 근거가 있는지는 모르지만 꽤 재미있으므로 그 전설을 써보았다.

어느 날 점쟁이가 '그녀는 결혼해선 안 된다'고 예언했다. 그러나 바스카라는 그녀가 행복한 결혼을 하도록 기원하기 위해 컵을 물에 띄웠다. 그 컵의 밑에는 작은 구멍이 있어 1시간 경과하면 그 컵은 물밑에 가라앉을 것이다. 그런데 호기심에 사로잡힌 그녀가 그것을 바라보고 있는 동안 옷에서 진주가 떨어져 그 컵의 구멍을 막아버려 1시간이 지나도 컵은 가라앉지 않았다. 그녀는 결혼할 수 없는 운명이었다. 바스카라는 불행한 딸을 위해 『릴라바티』를 저술했다고 한다.

24. 망고의 문제

A, B, C 세 사람이 한 마리의 원숭이를 기르고 있었는데, 어느 날 주문한 망고를 몇 개 얻었다.

A는 한 개의 망고를 원숭이에게 주고, 남은 $\frac{1}{3}$을 자신이 가졌다.

그것을 모르는 B는 역시 한 개의 망고를 원숭이에게 주고 나머지 $\frac{1}{3}$을 가졌다.

지금까지의 일을 전혀 모르는 C도 역시 한 개의 망고를 원숭이에게 주고 나머지 $\frac{1}{3}$을 가졌다.

다음 날 세 사람이 함께 원숭이에게 갔을 때 한 개의 망고를 원숭이에게 주고, 나머지를 똑같이 세 사람이 등분했다고 한다.

그럼, 최초에 몇 개의 망고가 있었을까?

답: 79+18n개(n은 음이 아닌 정수)

최초에 x개의 망고가 있었다고 하자.

A는 $\frac{2}{3}(x-1)$개의 망고를 남겼다.

B는 $\frac{2}{3}\left\{\frac{2}{3}(x-1)-1\right\}$개의 망고를 남겼다.

C는 $\frac{2}{3}\left[\frac{2}{3}\left\{\frac{2}{3}(x-1)-1\right\}-1\right]$개의 망고를 남겼다.

따라서,

$$\frac{2}{3}\left[\frac{2}{3}\left\{\frac{2}{3}(x-1)-1\right\}-1\right]=1+3y$$

가 된다.

이 식을 변형하면

$$8x-81y=65$$

가 되므로

$$8(x-79)=81(y-7)$$

이 됨을 알 수 있다. 따라서,

$$x=81n+79,\ y=8n+7$$

이 된다. n은 음이 아닌 정수이므로 최소의 x는 79이다.

* * *

이것은 꽤 어려운 문제이다. 중세 유럽에서는 아라비아를 거쳐 인도의 수학이 들어왔다. 좋은 문제, 기지가 풍부한 문제를 당시의 유럽에서는 인도의 문제라고 하였다. 이 문제도 인도의 문제라고 불리는 것 중 하나이다.

25. 강 건너기

한 사람의 농부가 한 마리의 여우와 한 마리의 염소 그리고 양배추를 가지고 여행을 떠났다. 마침 강에 도착했는데 다리가 없었다. 얕은 여울을 건너가는데 한 가지만 갖고 건널 수 있다. 그런데 여우와 염소만을 남겨두면 염소는 여우에게 먹히고 만다. 또, 염소와 양배추만을 남겨두면 염소는 양배추를 먹어버린다.

잘 건너기 위해서는 어떻게 하면 좋을까?

답: 다음과 같은 순서로 하면 된다.

우선 염소만 데리고 건넌다. 염소를 반대쪽 기슭에 두고 되돌아가서 여우를 데리고 건넌다. 여우를 반대편 기슭에 남겨두고 염소는 데리고 돌아온다. 다음에 염소는 이쪽에 두고 양배추를 저쪽 기슭으로 옮긴다. 반대쪽 기슭에 여우와 양배추를 놓아두고 염소를 데리러 돌아온다. 그렇게 하면 순조롭게 옮길 수 있다(여우와 양배추는 순서를 바꾸어도 좋다).

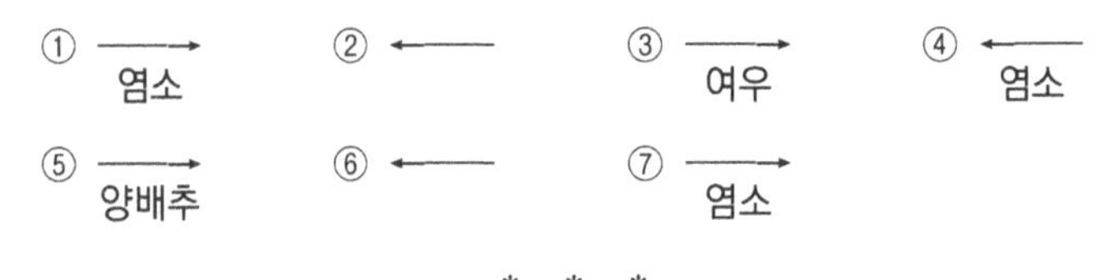

* * *

아일랜드의 신학자 알킨이 저술한 책 『청년의 마음을 단련하는 문제집』(8세기 말경)에 나온 문제이다. 이것과 같은 퍼즐이 고대 중국의 책 안에도 나와 있다. '천축(인도)에 세 마리의 새끼를 가진 어미 호랑이가 있었다. 그중 한 마리는 난폭하여 어미가 없으면 형제를 잡아먹을 위험이 있다. 지금, 어미가 세 마리의 새끼를 데리고 강가에 왔다. 강을 건너는데 새끼를 한 마리씩 물고 헤엄쳐 건너지 않으면 안 된다. 난폭한 새끼 호랑이에게 형제가 해를 입지 않게 건너기 위해서는 어떻게 하면 좋을까?'

26. 돼지의 매매

동전 100개를 내고 돼지 250마리를 샀다. 즉, 동전 2개에 돼지 5마리의 비율로 산 것이다.

250마리의 돼지를 125마리의 여윈 돼지와 125마리의 살찐 돼지의 두 그룹으로 나누었다. 여윈 돼지는 동전 1개에 돼지 3마리의 비율로 120마리를 팔았으므로 동전 40개가 들어왔다. 살찐 돼지는 동전 1개에 돼지 2마리의 비율로 120마리를 팔았으므로 동전 60개가 들어왔다.

결국, 샀을 때와 마찬가지로 동전 2개에 대해 돼지 5마리의 비율로 팔았으므로 동전 100개는 이미 들어왔고 게다가 여윈 돼지 5마리와 살찐 돼지 5마리가 남아 있기 때문에 그만큼 번 것이 된다. 왜일까?

답: 샀을 때와 마찬가지로 동전 2개에 대해 돼지 5마리의 비율로 팔았다고 생각한 부분이 잘못이다.

돼지 1마리당 얼마인가를 계산해 보면 알 수 있다.

샀을 때는 동전 2개에 돼지 5마리였으므로 돼지 1마리당 동전 $\frac{2}{5}$개로 생각할 수 있다.

다음은 팔았을 때를 생각해 보자. 여윈 돼지는 1마리당 동전 $\frac{2}{5}$개로 팔았으므로 여윈 돼지를 m마리 팔았다고 하면 $\frac{m}{3}$개의 동전을 받은 것이 된다. 살찐 돼지는 1마리당 동전 $\frac{1}{2}$개로 팔았으므로 살찐 돼지를 n마리 팔았다고 하면 $\frac{n}{2}$개의 동전을 받은 것이 된다. 합하면 m+n마리의 돼지를 팔아서 $\frac{m}{3}+\frac{n}{2}$개의 동전을 받았기 때문에 돼지 1마리에 대해서는

$$\frac{\frac{m}{3}+\frac{n}{2}}{m+n}=\frac{2m+3n}{6(m+n)}\text{개}$$

의 비율로 판 것이 된다.

이 경우 m=n이므로 돼지 1마리당 $\frac{5}{12}$개의 동전으로 판 것이다. 이 값은 $\frac{2}{5}$보다 크므로 이득을 본 것은 당연하다.

여윈 돼지와 살찐 돼지의 마릿수의 비가 m : n=3 : 2였으면 샀을 때와 마찬가지로 돼지 1마리당 동전 $\frac{2}{5}$개의 비율이 된다.

* * *

이 문제도 알킨의 책에 나와 있다.

27. 토산(兎算)

갓 태어난 암수 토끼는 1개월 지나면 성장하고 생후 2개월에 비로소 한 쌍의 새끼를 낳는다. 그 후 1개월마다 한 쌍의 토끼를 낳는다.

최초로 갓 태어난 한 쌍의 토끼가 있다. 위와 같이 2개월이 되면 한 쌍의 새끼를 낳고 그 이후에는 매월 한 쌍의 새끼를 낳는다. 태어난 토끼 모두가 2개월이 되면 한 쌍의 새끼를 낳고 이후 매월 한 쌍의 새끼를 낳는다. 그러면 1년 후에는 몇 마리의 토끼가 될까? 물론, 어느 토끼도 그사이에 죽지 않는다고 하자.

답: 466마리

1개월 후에는 한 쌍이지만 2개월 후에는 한 쌍의 새끼를 낳으므로 1+1=2쌍의 토끼가 된다. 3개월 후에는 처음의 한 쌍이 새끼를 낳으므로 1+2=3이 된다. 4개월 후는 2개월 전에 태어난 토끼가 모두 새끼를 낳으므로 2+3=5로 된다.

k개월째에 a_k쌍의 토끼가 있다고 하면, 일반적으로

$$a_{k-1}+a_k=a_{k+1}$$

이 성립한다.

월수	1	2	3	4	5	6	7	8	9	10	11	12
쌍	1	2	3	4	8	13	21	34	55	89	144	233

12개월 후는 233쌍의 토끼가 있으므로 토끼 수는 466마리이다.

* * *

이탈리아의 레오나르도의 『산반서』에 나온 문제이다. 레오나르도의 아버지는 보나치라고 하였는데 그의 아들이라는 의미로 피보나치(Fibonacci)라고도 부른다. 따라서 위의 수열

1, 2, 3, 5, 8, 13, 21, 34, 55, …

을 '피보나치 수열'이라고 한다.

28. 사과 도둑

어떤 남자가 과수원에 들어가 몇 개의 사과를 훔쳤다. 이 과수원에는 7개의 문이 있고 모든 문에는 문지기가 있다.

제1문에서 문지기에게 발각되었기 때문에 갖고 있던 사과 수에 하나를 더한 수의 반을 문지기에게 주고 용서를 받았다. 제2문에서도 갖고 있던 사과 수에 하나를 더한 수의 반을 문지기에게 주고 용서를 받았다. 제3문 이후의 문에서도 그때마다 가지고 있던 사과 수에 하나를 더한 수의 반을 환불로서 문지기에게 주었다.

이와 같이 해서 겨우 제7문을 나왔을 때 초라한 도둑의 손에 있는 사과는 겨우 1개였다. 그러면 이 도둑이 최초에 훔친 사과의 수는 몇 개였을까?

답: 255개

이 문제는 최초에 훔친 사과의 수를 x라 놓고 식을 세워 푸는 것보다 역으로 풀어가는 편이 더 알기 쉽다.

제7문을 나올 때 사과가 1개였으므로 제7문의 문지기에게 2개를 준 것이 된다. 따라서 제6문을 나올 때는 2+1=3개를 갖고 있었다. 그러므로 제6문 문지기에게는 환불로 4개를 준 것이 된다.

일반적으로 k+1번째의 문을 나올 때 사과를 a개 갖고 있었다고 하면 k번째 문을 나올 때는 2a+1개의 사과를 갖고 있는 것이 된다.

문	7	6	5	4	3	2	1	처음
사과	1	3	7	15	31	63	127	255

이 표에서 알 수 있듯이 최초에 255개의 사과를 훔친 것이다.

* * *

이탈리아의 레오나르도의 『산반서』에 있는 문제이다. 레오나르도는 무역상인 아버지의 뒤를 이어 상업상으로 이집트와 아라비아 등에 간 일이 많았다. 여행지에서 인도, 아라비아의 수학을 공부하여 그것을 유럽에 소개한 것이 『산반서』이다. 또 레오나르도는 독일의 프리드리히 2세 앞에서 어려운 문제를 곧바로 해결해 보임으로써 왕의 칭찬과 상을 받았다고 전해진다.

29. 포도주 나누기

8ℓ의 포도주가 들어 있는 항아리가 있다. 여기에는 5ℓ들이와 3ℓ들이 그릇밖에 없지만 이 두 개의 그릇을 사용해서 4ℓ씩 나누고 싶다. 눈대중이 아니고 정확히 4ℓ씩 나누려면 어떻게 하면 좋을까?

이 문제는 15세기 프랑스의 수학자인 슈케(Nicolas Chuquet)의 책에 있다. 일본에서도 '기름 나누기 계산'으로 에도 시대 초기(17세기)부터 잘 알려져 있다.

답: 아래의 표처럼 하면 된다.

5ℓ들이, 3ℓ들이에 각각 xℓ, yℓ의 포도주가 들어 있는 상태를 점(x, y)으로 표시하자.

회 \ 들이	5ℓ(x)	3ℓ(y)	항아리
0	0	0	8
1	5	0	3
2	2	3	3
3	2	0	6
4	0	2	6
5	5	2	1
6	4	3	1
7	4	0	4

5ℓ들이에서 항아리로 옮기는 것은 점(x, y)에서 x축에 평행인 점(0, y)에 이동하는 것으로 표시된다. 3ℓ들이에서 항아리로 옮기는 것은 점(x, y)에서 y축에 평행인 점(x, 0)에 이동하는 것으로 표시된다. 또, 두 용기의 한쪽에 들어 있는 것을 다른 용기에 옮기는 것은 점(x, y)에서 직선 x+y=k에 의한 이동으로 표시된다.

그러면, 점(0, 0)에서 출발하여 점(4, 0)에 움직이는 꺾은선을 그으면 된다. 방금 구한 해는 그림과 같이 표시된다. 다른 해로서는

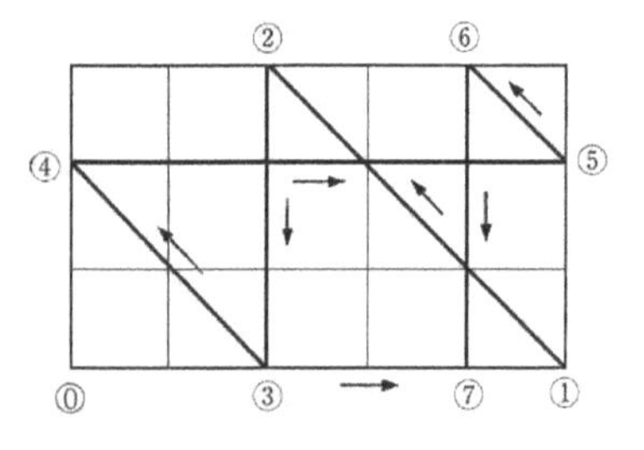

(0, 0)→(0, 3)→(3, 0)→(3, 3)
→(5, 1)→(0, 1)→(1, 0)→(1, 3)→(4, 0)

도 있음을 알 수 있다.

* * *

이런 종류의 문제는 13세기의 중엽에 생겼다.

30. 질투심 많은 남편

세 부부가 동행하여 여행을 떠났다. 강에 도착했지만 그곳에는 2인승 보트가 한 척밖에 없었다.

그런데 이 세 사람의 남편은 모두 질투심이 많았다. 즉, 자신이 옆에 없을 때 부인이 다른 남자와 함께 있는 것은 허락하질 않는다.

어떻게 하면 잘 건널 수 있을까?

답: 다음과 같이 건너간다.

3인의 남편을 A, B, C라 하고, 그 부인을 각각 a, b, c라고 하자.

우선 a와 b가 건너서 a만 되돌아온다. 이것을 다음과 같이 쓴다.

(1) $\underrightarrow{ab}$ (2) $\underleftarrow{a}$

이 기법에 따라서 다음과 같이 하면 된다.

(3) $\underrightarrow{ac}$ (4) $\underleftarrow{a}$ (5) $\underrightarrow{BC}$

(6) $\underleftarrow{Bb}$ (7) $\underrightarrow{AB}$ (8) $\underleftarrow{c}$

(9) $\underrightarrow{bc}$ (10) $\underleftarrow{b}$ (11) $\underrightarrow{ab}$

실제로는 (1) $\underrightarrow{Bb}$ (2) $\underleftarrow{B}$로 하여 마찬가지 방법으로 해도 되고 (10) $\underleftarrow{A}$ (11) $\underrightarrow{Aa}$로 하는 방법도 생각할 수 있다.

이 문제는 13세기 독일의 사본(寫本) 안에 있다고 한다. 25번 '강 건너기' 문제의 변형으로 이외에도 여러 가지 강 건너기 문제가 만들어져 있다.

3장

중국·일본의 퍼즐—마방진

▣ 마방진에 대해

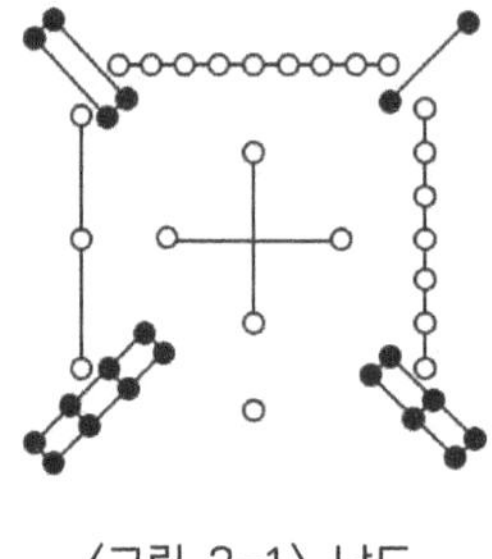

〈그림 3-1〉 낙도

4	9	2
3	5	7
8	1	6

〈그림 3-2〉

중국에는 오랜 옛날부터 마방진에 관한 전설이 전해 오고 있다. 그 전설에 의하면 기원전 30세기 전후에 '우'라는 사람이 낙강의 치수공사를 하고 있을 때 신성한 거북이가 나타났는데 그 등에 낙도(洛圖) 또는 낙서(洛書)라고 하는 〈그림 3-1〉과 같은 그림이 그려져 있었다고 한다. 이 그림이야말로 현재의 3차 마방진이라고 하는 것이다(그림 3-2).

이 그림을 자세히 바라보고 있으면 그 기묘함에 놀랄지도 모른다. 각 행, 각 열, 각 대각선의 어느 세 수의 합도 항상 15가 된다.

$$4+9+2 = 3+5+7 = 8+1+6 = 4+3+8$$

$$= 9+5+1 = 2+7+6 = 4+5+6 = 2+5+8$$

a	b	c
d	e	f
g	h	i

〈그림 3-3〉

이 도형을 회전하기도, 뒤집기도 해보면 8가지의 다른 마방진이 되지만 이들을 같은 마방진이라고 하면 3차 마방진 이외에는 없다. 그 이유를 말하기 위해 우선 정확한 마방진의 정의를 해보자. n행 n열의 빈칸에 1부터 n^2

까지의 자연수를 배치해서 각 행, 각 열, 각 대각선의 합의 어느 것도 같게 되는 것이 n차의 마방진이다.

n=3일 때 a, b, c, d, e, f, g, h, i를 〈그림 3-3〉과 같이 배치하면

$$a+b+c+d+e+f+g+h+i = 45$$

$$S = a+b+c = d+e+f = g+h+i = a+d+g$$

$$= b+e+h = c+f+i = a+e+i = c+e+g$$

이므로 이들 중 최초의 3개의 S의 합은

$$3S = 45 \quad \therefore S=15$$

가 된다. 따라서 세 수의 합이 15가 되는 값을 구하면

$$1+5+9 = 1+6+8 = 2+4+9 = 2+5+8$$

$$= 2+6+7 = 3+4+5 = 3+5+7 = 4+5+6$$

이다. e만은 세로, 가로, 왼쪽 대각선, 오른쪽 대각선에서 4번 사용되었으므로 e=5이다. a, c, g, i는 3번 사용되었으므로 2, 4, 6, 8 중의 하나이다. 이 가운데 어느 것을 대응시켜도 회전하든 뒤집든 같게 되므로 앞의 그림과 같이 a=4, c=2, g=8, i=6으로 하면 낙도의 답이 얻어진다.

이 낙도는 전설이므로, 마방진이 실린 책이 나온 것은 훨씬 후인 11세기가 되어서였다. 또, 마방진을 최초에 연구한 사람은 13세기의 수학자 양휘였다. 그의 책에는 3차 마방진뿐 아니라 어떻게 해서 구했는지는 모르지만 4차에서 10차까지의 마방진이 보이고 있다. 여기서는 4차와 5차의 마방진만을 본다(그림 3-4).

일본에도 무로마치 시대 후반(16세기)의 문헌에 '十五立 六七

2	16	13	3
11	5	8	10
7	9	12	6
14	4	1	15

4	9	5	16
14	7	11	2
15	6	10	3
1	12	8	13

1	23	16	4	21
15	14	7	18	11
24	17	13	9	2
20	8	19	12	6
5	3	10	22	25

〈그림 3-4〉 양휘의 마방진

二 一五九 八三四'로 적혀 있으므로 3차의 마방진은 예부터 알려져 있었다. 또, 17세기 수학자 세키(關孝知)도 마방진의 연구를 하였다.

중국에서 생긴 마방진은 일본에 전래되었을 뿐만 아니라 인도, 아라비아를 통해 유럽에도 전해졌다. 유럽에서 가장 오래된 것은 15세기의 모스코프로스가 만든 것이다(그림 3-5). 이 그림은 0에서 15까지의 수를 넣어 만든 마방진이지만 가로, 세로, 대각선뿐만 아니라 범대각선이라고 하는 수의 합도 일정하다. 이 마방진의 끝을 붙여서 원기둥을 만들면 오른쪽으로 내려가는 대각선에 평행인 선이 3개 생기지만 이들의 합은 항상 일정하다.

14	9	2	5
3	4	15	8
13	10	1	6
0	7	12	11

〈그림 3-5〉

$$14+4+1+11=9+15+6+0$$
$$=2+8+13+7=5+3+10+12$$

마찬가지로 왼쪽으로 내려가는 대각선에 평행인 선상의 수의 합도 일정하다.

$$5+15+10+0=2+4+13+11$$
$$=9+3+6+12=14+8+1+7$$

이와 같은 원기둥을 만들 때 대각선과 평행이 되는 선을 범(汎)대각선이라고 한다. 범대각선상의 수의 합이 일정하게 되는 마방진을 범(汎)마방진이라고 한다.

〈그림 3-6〉 메랑코리아

발생지인 중국에서도 마방진은 신성시되었지만 중세 유럽에서도 점성술사들은 이것을 신비적인 것으로 믿고 은판에 새겨서 부적으로 사용했다.

16	3	2	13
5	10	11	8
9	6	7	12
4	15	14	1

〈그림 3-7〉

독일의 화가인 듀러(Albrecht Dürer, 1471~1528)의 「메랑코리아」라는 제목의 판화에 마방진이 그려져 있다. 자, 컴퍼스, 저울, 구, 다면체 등이 어수선하게 놓여있는 방에 젊은이 한 사람이 생각에 잠겨 있다. 그 배후의 벽에는 4차의 마방진이 그려져 있다. 그런데 최하단의 중앙 두 칸에 1514가 쓰여 있는데 이 작품의 제작년도를 나타내고 있다(그림 3-7).

역사적인 내용은 이 정도로 하고 마방진을 만드는 법을 이야기하자. 그것에는 홀수차(次)의 경우(기방진)와 짝수차(次)의 경우(우방진)로 만드는 방법에 차이가 있으므로 나누어서 설명하기로 하자.

① **기방진 만드는 법**(방법 1)

홀수차(2k+1차)의 방진을 포함하도록 대각선 방향을 양변으로 하는 사선의 방진을 만든다. 그러면 원래의 방진 외에 $4k^2$개의

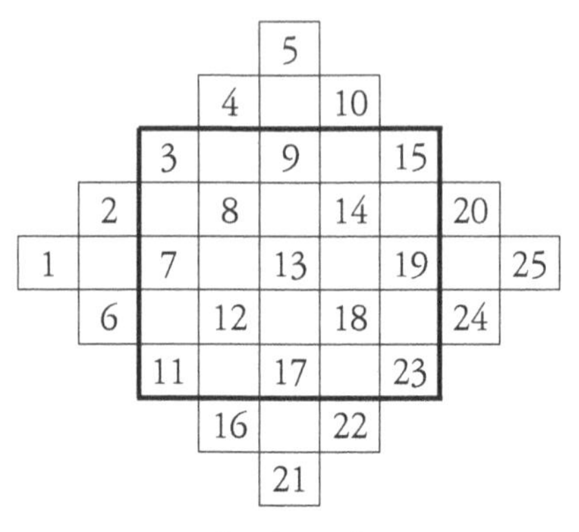

〈그림 3-8〉

칸이 생긴다. 〈그림 3-8〉과 같이 사선 방진의 왼쪽 정점에서 오른쪽 위로 1, 2, 3, …의 수를 넣는다. 원래 방진의 왼쪽 변의 밖에 있는 k^2개의 칸을 오른쪽으로 (2k+1)만큼 평행이동시켜서 원래 방진의 빈칸에 채워 넣는다. 같은 방법으로 원래 방진의 오른쪽 변 밖에 있는 것은 왼쪽으로, 윗변의 밖에 있는 것은 밑으로, 아랫변의 밖에 있는 것은 위로 각각 평행이동시켜서 빈칸을 채우면 마방진이 만들어진다(그림 3-9).

3	16	9	22	15
20	8	21	14	2
7	25	13	1	19
24	12	5	18	6
11	4	17	10	23

〈그림 3-9〉

② **기방진 만드는 법**(방법 2)

홀수차 방진의 윗변 중앙에 1을 놓는다. 이후에 오른쪽 사선 위의 빈칸에 2, 3 …의 순서로 해서 방진의 테두리 밖으로 나오면 그 행의 왼쪽 끝, 또는 그 열의 하단의 칸에 수를 넣는다. 만약에 오른쪽 사선 위에 이미 수가 들어 있으면 그 밑의 칸에 수를 넣는다. 오른쪽 상단 구석에 왔을 때도 이에 준하여 그 밑의 칸에 다음 수를 넣는다. 이와 같이 해서 방진의 칸이 전부 채워지면 마방진이 완성된다(그림 3-10).

	18	25	2	9	
17	24	1	8	15	17
23	5	7	14	16	23
4	6	13	20	22	4
10	12	19	21	3	10
11	18	25	2	9	

〈그림 3-10〉

③ 기방진 만드는 법(방법 3)

홀수차(n차) 방진의 각 행, 각 열에 n개의 1을 다음의 요령으로 넣는다. 왼쪽 위의 구석(1행 1열)에 1을 넣고 장기의 계마(桂馬)와 같은 요령으로 다음의 행에 순서대로 (2행 3열, 3행 5열, …과 같이) 1을 넣는다. 방진 밖으로 나오면 왼쪽으로 n만큼 평행이동시킨다. 다음에 1의 오른쪽에 빈칸에 2, 그 오른쪽에 3, 4, …와 같이 넣는다. 이때에도 방진 밖으로 나오면 왼쪽으로 n만큼 평행이동시킨다. 이렇게 해서 보조방진 A가 만들어진다.

다음에 하나의 보조방진 B를 다음과 같이 만든다. 왼쪽 위의 구석(1행 1열)에 0을 넣고 계마와 같은 요령으로 다음 열에 순차적으로 0을 넣는다. 방진의 밖으로 나오면 위로 n만큼 평행이동시켜서 각 행 각 열에 1개씩 n개의 0을 넣는다. 이 0의 밑에 n, 그 밑에 2n, 3n, …, (n-1)n을 넣는다. 방진 밖으로 나오면 n만큼 위로 평행이동시키는 일은 지금까지와 마찬가지이다.

이와 같이 해서 완성된 두 개의 보조 방진 A와 B의 각 칸의 수를 더해서 마방진을 만든다. 이런 경우야말로 범대각선상의

1	2	3	4	5
4	5	1	2	3
2	3	4	5	1
5	1	2	3	4
3	4	5	1	2

〈그림 3-11〉
보조방진 A

0	15	5	20	10
5	20	10	0	15
10	0	15	5	20
15	5	20	10	0
20	10	0	15	5

〈그림 3-12〉
보조방진 B

1	17	8	24	15
9	25	11	2	18
12	3	19	10	21
20	6	22	13	4
23	14	5	16	7

〈그림 3-13〉
보조방진 C

합까지도 일정하기 때문에 범마방진이 된다.

④ **우방진 만드는 법**(방법 1)

2차 마방진은 만들 수 없으므로 4차 마방진을 만드는 방법부터 설명하자. 1부터 4를 맨 위의 행에서 왼쪽으로부터 오른쪽으로 넣는다. 다음 행의 왼쪽으로부터 순서대로 5에서 8을 그 다음 행에 그 외의 수를 방진의 중심에 대해 대칭인 위치의 수와 교환한다(그림 3-15). 이 '고쳐쓰기'의 방법을 〈그림 3-16〉처럼 표시하자.

○의 곳은 바꾸지 않는다.

＼ 또는 ／인 곳의 수는 중심에 대해 대칭인 위치로 옮긴다. 계속해서 6차의 마방진을 만드는 법을 설명하자. 4차 때와 마찬가지로 1에서 36까지의 수를 왼쪽에서 오른쪽으로 위에서 아래로의 순서로 써넣는다. 계속해서 〈그림 3-17〉에 나타낸 바와 같이 고쳐쓰기를 해서 마방진 〈그림 3-18〉을 만든다.

○의 곳은 바꾸지 않는다.

＼ 또는 ／인 곳의 수는 중심에 대해 대칭인 위치로 옮긴다.

| 곳의 수는 수평선에 대해 대칭인 위치로 옮긴다.

1	2	3	4
5	6	7	8
9	10	11	12
13	14	15	16

〈그림 3-14〉

1	15	14	4
12	6	7	9
8	10	11	5
13	3	2	16

〈그림 3-15〉

○	＼	／	○
＼	○	○	／
／	○	○	＼
○	／	＼	○

〈그림 3-16〉

○	＼	｜	○	／	○
＼	○	＼	／	○	—
—	＼	＼	／	—	—
○	／	／	＼	—	○
／	○	｜	｜	○	—
○	｜	｜	○	｜	○

〈그림 3-17〉

1	32	33	4	35	6
12	8	27	28	11	25
18	17	22	21	20	13
19	23	16	15	14	24
30	26	10	9	29	7
31	5	3	34	2	36

〈그림 3-18〉

— 곳의 수는 수직선에 대해 대칭인 위치로 옮긴다.

일반적인 짝수차(n차)일 때를 생각해 보자. 지금까지의 방법과 마찬가지로 1에서 n^2까지의 수를 왼쪽에서 오른쪽으로, 위에서 아래의 순서로 써넣는다. 여기에서의 고쳐쓰기는 〈그림 3-19〉와 같이 하지만, 한가운데 4행 4열 부분은 4m차일 때는 〈그림 3-20〉과 같이, 4m+2차일 때는 〈그림 3-21〉과 같이 한다(크레치크 『백만인의 수학』 참조).

⑤ 우방진 만드는 법(방법 2)

모스코프로스가 부여한 것처럼 4차의 범마방진 만드는 법을 설명하자. 0에서 15까지의 임의의 수 a를 이진법으로 표시하자.

$$a=2^3a_3+2^2a_2+2a_1+a_0$$

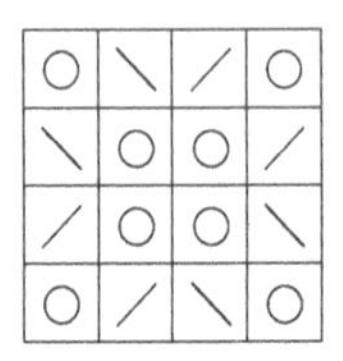

〈그림 3-20〉
4m+2차

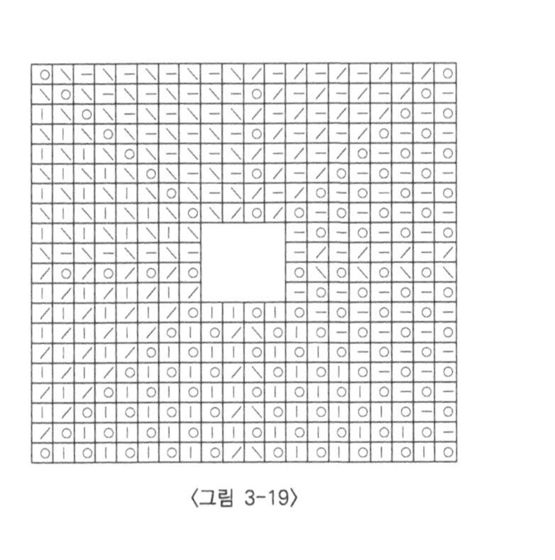

〈그림 3-19〉

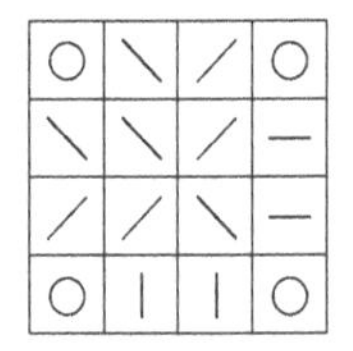

〈그림 3-21〉
4m+2차

이들 a_3, a_2, a_1, a_0 중에서 하나만이 일치하고 다른 셋은 모두 인접수라고 하자. 따라서 각 수에 대해 인접수가 3개였으므로 그것을 표시해 둔다.

0의 인접수 7, 11, 13, 14를 0의 상하좌우에 배치하는 데 3가지 방법이 있다(회전하거나 뒤집어서 일치하는 것은 동일하다고 생각한다).

이 중에서 최초의 것을 예로 설명하자. 7과 13의 공통인 인접수 10을 왼쪽 위에 써넣는다. 마찬가지 방법으로 7과 14의 공통인 인접수 9를 오른쪽 위에 써넣는다. 계속해서, 7의 인접수 중 남아 있는 12를 7 위에 써넣는다. 이 작업을 되풀이하면 평면상의 모든 칸이 채워진다. 그중에 4행 4열을 잘라내면 범마방진이 된다.

그런데 6차 범마방진은 존재하지 않는다.

	0	1	2	3	4	5	6	7	8	9	10	11	12	13	14	15
인접수	7	6	5	4	3	2	1	0	3	2	1	0	1	0	0	1
	11	10	9	8	9	8	8	9	5	4	4	5	2	3	3	2
	13	12	12	13	10	11	11	10	6	7	7	6	7	6	5	4
	14	15	15	14	15	14	13	12	15	14	13	12	11	10	9	8

〈그림 3-22〉

	7	
13	0	14
	11	

	7	
11	0	14
	13	

	7	
11	0	13
	14	

〈그림 3-23〉

1	12	2	15	1	12	2
10	7	9	4	10	7	9
13	0	14	3	13	0	14
6	11	5	8	6	11	5
1	12	2	15	1	12	2
10	7	9	4	10	7	9
13	0	14	3	13	0	14

〈그림 3-24〉

⑥ 우방진 만드는 법(방법 3)

두 개의 보조방진을 이용해서 짝수차(n차) 마방진을 만드는 방법을 설명하자.

1	2	3	4
4	3	2	1
4	3	2	1
1	2	3	4

〈그림 3-25〉
보조방진 A

0	12	12	0
4	8	8	4
8	4	4	8
12	0	0	12

〈그림 3-26〉
보조방진 B

1	14	15	4
8	11	10	5
12	7	6	9
13	2	3	16

〈그림 3-27〉

● $n=4m$(쌍짝수)일 때

제1행째에 1에서 n까지의 수를 왼쪽으로부터 순서대로 열거하고 제2행째에는 1에서 n까지의 수를 오른쪽에서부터 열거한다. 제3행째는 역순으로, 제4행째는 순서대로 열거하여 이것을 되풀이한다. 즉, 정역역정정역역정…과 같이 열거한다. 이와 같이 해서 만들어진 방진을 '보조방진 A'라고 한다. 다음에 이 보조방진 A의 각 칸의 수 i를 $n(i-1)$으로 변환한 방진을 만들고 그 행과 열을 바꾸어 써넣은 방진을 '보조방진 B'라고 한다. 각 칸마다에 보조방진 A의 수와 보조방진 B의 수를 합한 방진을 만든다. 이것이 하나의 마방진이 된다(그림 3-27).

● $n=4m+2$(반짝수)일 때

제1행째에 1에서 n까지의 수를 정순(正順)으로 열거한다. 제2행째는 역순으로 열거해서 이를 되풀이한다. 즉, 정역정역…정을 반복하는 것이다. 절반의 행(2m+1행)까지 채웠을 때 그 이후는 위와 같이 대칭으로 채워간다. 즉, 절반 이후(2m+2행 이하)는 정역정역…정으로 채워가게 된다. 이렇게 해서 만들어진 방진은 열의 합이 일정하지 않으므로 몇 개의 행에서 합이 $4m+3$이 되는 두 수를 적당히 교환해서 보조방진 A를 만든다.

1	⑤	3	4	②	6
6	5	4	3	2	1
⑥	2	④	③	5	①
1	2	④	③	5	6
6	5	③	④	2	1
1	2	3	4	5	6

〈그림 3-28〉
보조방진 A

0	30	30	0	30	0
24	24	6	6	24	6
12	18	18	18	12	12
18	12	12	12	18	18
6	6	24	24	6	24
30	0	0	30	0	30

〈그림 3-29〉
보조방진 B

1	35	33	4	32	6
30	29	10	9	26	7
18	20	22	21	17	13
19	14	16	15	23	24
12	11	27	28	8	25
31	2	3	34	5	36

〈그림 3-30〉

6차의 마방진에서는 ○ 표시된 곳이 교환된다.

다음은 먼저와 마찬가지로 보조방진 B를 만들어 두 개의 보조방진의 칸의 수를 더해서 마방진을 만든다(그림 3-30).

회전하거나 뒤집어서 같게 되는 마방진은 동일하다고 생각하면 4차 마방진은 880개, 5차 마방진은 이렇게 275, 305, 224개가 있는 것을 알 수 있다.

31. 옥연환(玉連環)

퍼즐의 대표는 지혜의 고리이다. 그중에서 가장 오래된 것이 옥연환이나 구연환, 중국 고리 등으로 불리는 것이다.

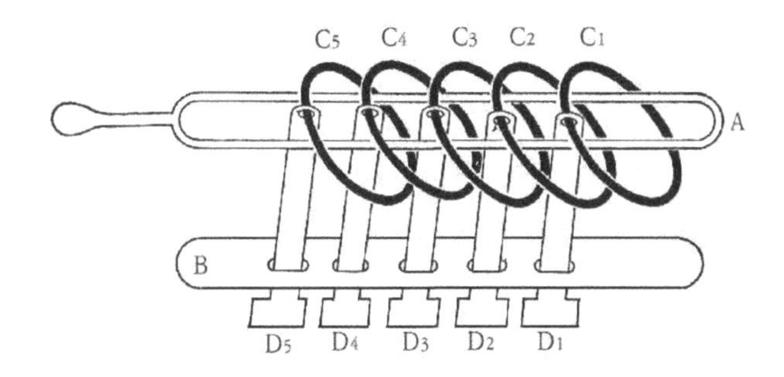

기원전 3세기경 중국의 진나라 소왕(昭王)이 옥연환을 군왕후(君王后)에게 선사했다고 하는 기록이 남아 있다. 이 옥연환이 어떤 것인지는 확실하지 않지만 현재까지 전해져 오는 위 그림과 같은 중국 고리를 제거하는 궁리를 해보라.

한 개의 고리를 막대기 A에 끼우기도 하고 제거하기도 하는 조작을 한 수라고 한다면, 몇 수에서 5개의 고리를 전부 제거할 수 있을까?

답: 21수

제1조작: 가장 오른쪽 끝에 있는 고리 C_1을 제거하는 조작과 그의 역조작

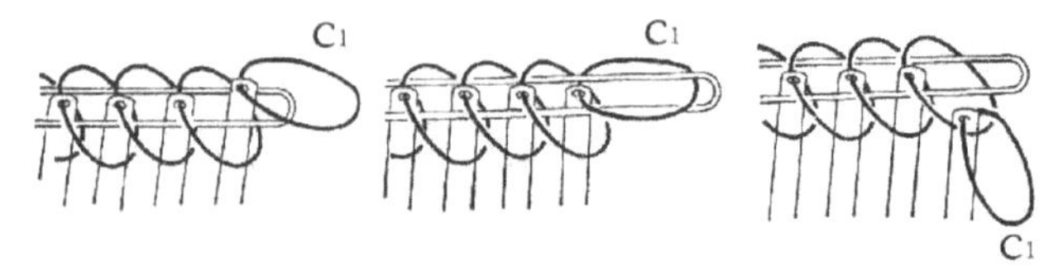

제2조작: 막대기 A에 걸려 있는 것 가운데에서 두번째의 고리를 제거하는 조작과 그의 역조작

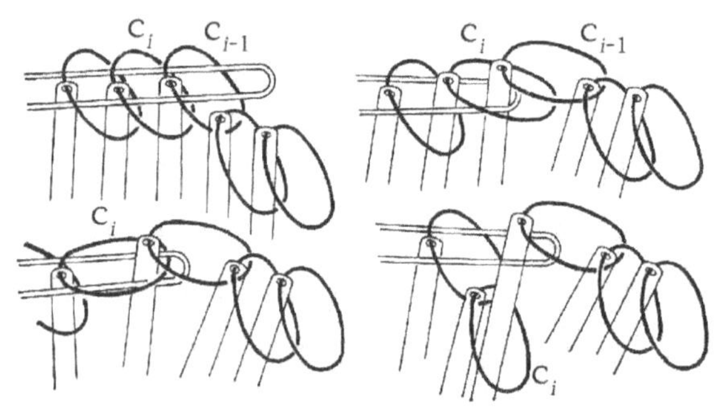

(i) 막대기 A에 걸려 있는 고리에는 왼쪽에서 1, 0, 1, 0 …처럼 교대로 1과 0을 붙인다.

(ii) 막대기 A에서 제거한 고리에는 그보다 왼쪽에 끼워져 있는 고리가 없으면 전부 0, 그보다 왼쪽에 끼워져 있는 고리가 있으면 그들 중에 제일 오른쪽에 있는 것과 같은 숫자(0 또는 1)를 붙인다.

그러면, 6개의 고리일 때는 10101(십진법의 21)에서 하나씩 수를 줄이는 조작(조작 1이나 2를 교대로 한다)에 의해서 21수에 00000이 될 수 있다.

32. 여행자의 잊은 물건

어떤 여행자가 아침 6시에 여관을 나왔다. 여행자의 속도는 하루 300리였다. 여행자가 잊은 물건에 생각이 미친 여관 주인은 잊은 물건을 갖고 오전 10시에 여행자의 뒤를 쫓아갔다. 여행자에게 물건을 건네주고 곧 집으로 돌아왔지만 집에 도착한 시간은 오후 3시가 되어서였다. 주인의 속도는 하루에 몇 리일까?(여기서 말하는 1리는 현재 사용되고 있는 거리와 다르다)

답: 780리

하루 300리의 속도라고 할 때 하루를 24시간으로 보는지 주간의 시간만을 가리키는 것인지 의문이 있을지도 모르지만 어떻게 생각해도 같다.

여행자는 하루(n시간으로) 300리의 속도, 주인은 하루(n시간으로) x리의 속도라고 하자.

주인이 집을 출발할 때 여행자는 이미 $4\times\frac{300}{n}$리 앞에 가고 있다. 주인은 여행자를 한 시간에 $\frac{x-300}{n}$리씩 좇아가는 것이 된다. 결국, 주인은 $\frac{5}{2}$시간 만에 여행자를 좇아갔으므로

$$4\times\frac{300}{n}=\frac{x-300}{n}\times\frac{5}{2}$$

이것을 풀면 x=780이 얻어진다.

* * *

이 문제는 서기 1세기 전후에 완성됐다고 생각되는 중국의 수학서 『구장산술(九章算術)』에 나와 있다. 이 『구장산술』은 한(漢) 시대의 수학을 집대성한 것으로 이후의 중국 수학뿐 아니라 일본의 수학에도 큰 영향을 주었다. 우리들이 현재도 사용하고 있는 '방정식'의 '방정'이라는 말도 『구장산술』 안에 처음으로 나왔다.

33. 성벽의 길이

네 변이 동서남북을 향해 정사각형의 성벽으로 둘러싸인 마을이 있다. 이 성벽의 각 벽 중앙에 문이 있다. 북문을 나와서 20보 북쪽으로 나간 곳에 한 그루의 나무가 있다. 또, 남문을 나와 남쪽으로 14보 나가 직각으로 굽어서 서쪽으로 1,775보 가면 비로소 이 나무가 보인다고 하자.

이 마을의 한 변은 얼마인가?

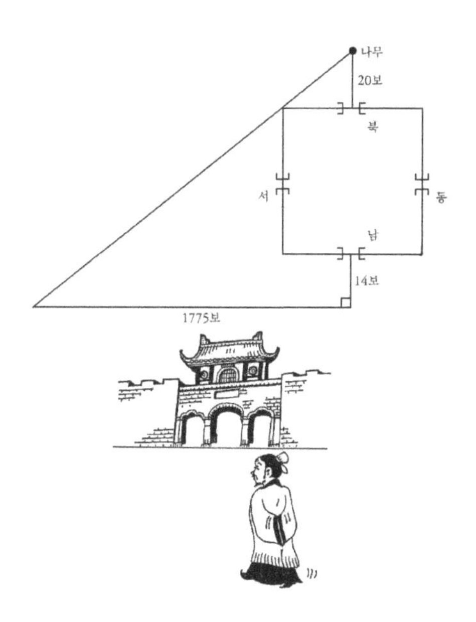

답: 250보

성벽의 한 변의 길이를 $2x$라고 하면 다음의 비례식이 성립한다.

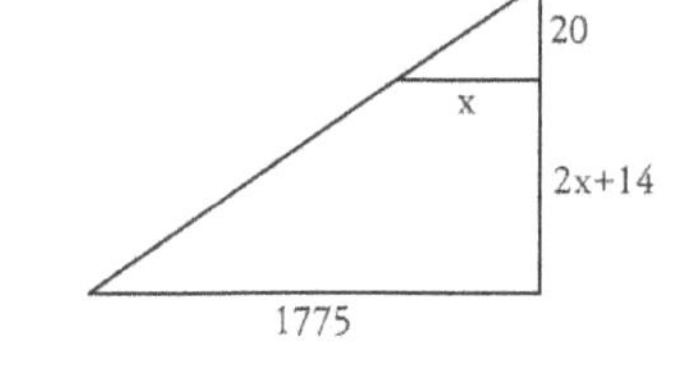

$$\frac{20}{x}=\frac{2x+34}{1775}$$

이것을 변형하면

$$x^2+17x-17750=0$$

이 얻어진다. 이를 풀면

$$2x=-17\pm\sqrt{17^2+4\times17750}=-17\pm267$$

이 되지만 $x>0$이므로 $2x=250$이 된다.

* * *

『구장산술』에 나와 있는 문제이다. 이와 같이 1세기경의 중국인들은 수치계수의 2차 방정식을 풀 수 있었다. 게다가 7세기경에는 3차 방정식을, 11세기 말경에는 고차 방정식의 수치해법을 알고 있었다. 이것은 유럽보다 700년 이상이나 앞선 일이라고 한다.

34. 백계산(百鷄算)

수탉은 1마리에 5전, 암탉은 1마리에 3전, 병아리는 3마리에 1전이다. 100전으로 100마리의 닭을 사는 것으로 하고 수탉을 될 수 있는 한 많이 사고 싶다.

수탉, 암탉, 병아리를 각각 몇 마리씩 사면 좋을까?

답: 수탉 12마리, 암탉 4마리, 병아리 84마리

수탉을 x마리, 암탉을 y마리, 병아리를 z마리라고 한다면

$$x+y+z=100$$

$$5x+3y+\frac{z}{3}=100$$

이 된다. 이 두 식에서 z를 소거하면

$$7x+4y=100$$

$$7x=4(25-y)$$

이므로, x는 4의 배수이다.

$$x=4n,\ y=25-7n$$

이 된다. 따라서,

n=0일 때 $x=0$, $y=25$, $z=75$

n=1일 때 $x=4$, $y=18$, $z=78$

n=2일 때 $x=8$, $y=11$, $z=81$

n=3일 때 $x=12$, $y=4$, $z=84$

가 된다. 이들의 해 중에서 x가 최대인 것은 $x=12$, $y=4$, $z=84$이다.

* * *

이 문제는 6세기 전반 중국의 수학자인 장구건(張邱建)의 저서에 나와 있지만 이런 문제는 이미 3세기경 중국의 백계 문제로 다루어져 있었다. 이와 같은 부정방정식은 후기 그리스의 디오판토스에 의해 연구되었지만 유럽에서는 잠시 사라졌다가 인도, 아라비아를 통해 다시 유럽에 들어와 인도의 문제로서 귀중하게 다루어졌다. 이처럼 부정방정식은 중국에서 인도를 통해 유럽으로 전해진 것으로 생각된다.

35. 학구산(鶴龜算)

초등학교에서 어려운 문제라서 머리가 아팠던 학구산을 기억하고 있는가? 이 문제는 5세기경 중국의 수학서 『손자산경(孫子算經)』에 나와 있다. 그런데 이 책에는 학과 거북이가 아니고 토끼와 꿩으로 되어 있다. 학과 거북이로 된 것은 일본에 들어오고 나서 200년이 지난 19세기 초의 일이라고 한다.

꿩과 토끼가 35마리 있다. 다리의 수를 세어보면 94개였다. 꿩과 토끼는 각각 몇 마리씩 있을까?

답: 꿩 23마리, 토끼 12마리

꿩을 x마리, 토끼를 y마리라고 하면

$x+y=35$

$2x+4y=94$

가 성립한다. 이것을 풀면

$x=23,\ y=12$

* * *

이와 같이 대수를 사용하면 간단하지만 초등학교에서의 산수의 생각법으로 풀려고 하면 꽤 까다롭다.

35마리 전부가 꿩이라고 하면 다리의 수는 70개가 되고, 24개의 다리가 남는다. 이 남은 24개의 다리는 토끼의 앞다리라고 생각하면 토끼는 24÷2=12마리이고, 꿩은 나머지 23마리가 된다.

이 학구산도 메이지(明治) 초기의 『산법진서(算法珍書)』에서는 괴물과 곰으로 되어 있다.

'아시가라산에 괴물(天拘)과 곰이 사이좋게 놀았다. 어느 날, 마귀할멈이 그 친구들을 세어보니 머리가 77개, 다리가 244개라면 괴물과 곰이 각각 몇 마리인지 물었다. 단, 곰은 다리가 4개, 괴물은 다리가 2개 있다.'

답은 '곰 45마리, 괴물 32마리'로 나와 있다.

36. 백오감산(百五減算)

“아저씨는 몇 살이세요?”

“몇 살로 보이니?”

“맞추어 볼까요?”

“그럼, 아저씨의 나이를 3으로 나누세요. 얼마가 남아요?”

“2가 남는데.”

“이번에는 5로 나누면 얼마가 남으세요?”

“나머지가 없는데.”

“그럼 7로 나누면?”

“1이 남아.”

“아아, 아저씨는 ××살이다. 맞추었지요?”

“정말, 맞았네!”

(이 문제의 출전도 『손자산경』이다)

답: 50세

아저씨가 N세라고 하면

$N=3x+2$ …… ①

$N=5y$ …… ②

$N=7z+1$ …… ③

이 성립한다.

②×6-①×5에서 $N=15u-10$ …… ④

③×15-④×14에서 $N=150v+155=105w+50$

이 되므로 N=50, 155, 260, …이 되지만 당연히 50세이다.

* * *

①과 ②에서 $N=3\times5u+r$가 되는 식을 만들기 위해 ①×5p+②×3q로 하여, $5p+3q=1$이 되는 간단한 p, q를 구하면 $p=-1$, $q=2$를 얻는다. 이렇게 해서 ④는 얻어진다.

③×15s+④×7t로 하여, $15s+7t=1$이 되는 간단한 s, t로서 $s=1$, $t=-2$가 얻어진다. 이처럼 얻은 것이 $N=105v+155$이다.

이 방법 이외에 예부터 알려져 있는 것으로 ①×70+②×21+③×15를 계산하는 방법이 있다. 그러면

$106N=105(2x+y+z)+155$

로 된다.

이렇게 해서 구한 정수 155에서 105를 뺀 것이 답이라는 의미로서 예로부터 '백오감산'이라고 불렀다.

37. 둥근 성의 반지름

원형의 성벽으로 둘러싸인 성의 동서남북에 문이 있다. 서쪽 문에서 남으로 480보 가면 한 그루의 나무가 서있다. 또, 북문에서 동쪽으로 200보 가면 비로소 성의 저쪽에 있는 나무가 보이기 시작한다고 한다. 그러면, 성의 반지름은 얼마인가?

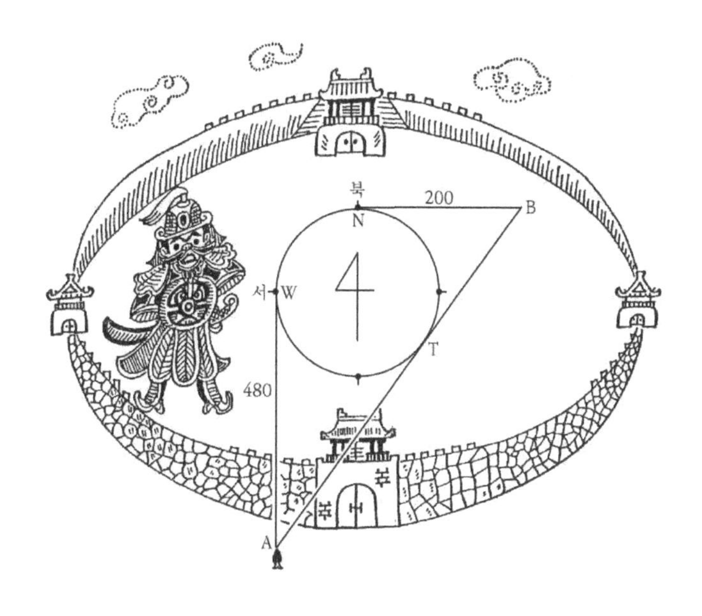

답: 120보

서문, 북문의 위치를 W와 N으로 하고 나무의 위치를 A, N에서 동으로 200보 간 지점을 B, AB와 원과의 접점을 T라고 하자. 그러면,

AT=AW=480(보)

BT=BN=200(보)

이므로 원의 반지름을 x라고 하면 세제곱의 정리로부터

$(x+480)^2+(x+200)^2=(480+200)^2$

이 성립한다. 따라서,

$x^2+680x-96000=0$

로 되어 이것을 풀면

$x=-340\pm20\sqrt{529}=-340\pm460$

그런데 $x>0$이므로 $x=120$(보)

* * *

중국의 수학자인 이야(李治, 1192?~ 1279?)의 저서 『측원해경(測円海鏡)』에 나와 있다. 33번의 정사각형의 성벽 문제를 원형의 성벽 문제로 바꾸었지만 이번엔 세제곱의 정리를 사용할 필요가 있었다.

산목(算木)을 사용하는 대수학 '천원술(天元術)'은 13세기 초경에 중국에서 발생했다고 생각되지만 가장 오래된 문헌은 이야의 『측원해경』이다. 이 '천원술'은 후에 일본에 건너가 필산대수(筆算代數)인 '점술'을 낳는 근원이 되었다.

38. 삿삿 하기

"여기에 바둑돌 30개가 있어. 내가 뒤를 보고 있는 동안에 '삿' 하는 기압소리를 내면서 2개나 3개의 바둑돌을 집어 들어."

"그래서."

"2개 집은 바둑돌은 왼쪽에, 3개 집은 바둑돌은 오른쪽에 놓아두면 좌우의 바둑돌의 수를 맞추어 보는 것이야."

"그래, 어쨌든 해보자."

그래서 '삿', '삿' 하는 기압소리가 13번 들렸다. 그럼 좌우의 바둑돌의 수는 각각 몇 개일까?

답: 2개씩의 무더기에는 18개, 3개씩의 무더기에는 12개

2개 집었을 때의 기압소리의 수를 x, 3개 집었을 때의 기압소리의 수를 y라고 하면

$x+y=13$

$2x+3y=30$

이 성립하므로 이것을 풀면

$x=9, \ y=4$

가 얻어진다. 따라서 2개씩 집은 무더기의 바둑돌 수는 $2x=18$(개), 3개씩 집은 무더기의 바둑돌의 수는 $3y=12$(개)이다.

* * *

이 놀이는 무로마치 시대(14세기경)의 어린이들이 하던 바둑돌 놀이다. '삿', '삿' 하는 기압소리에서 '삿삿 하기'라는 이름이 붙여진 것이다.

당시의 희극으로 '삼본주(三本柱)'라는 것이 있었다. 주인이 하인의 지혜를 시험하기 위해서 세 사람이 세 그루의 재목을, 한 사람이 2그루씩 갖고 오라고 한다. 세 명이 상의한 끝에 세 그루의 나무로 삼각형을 만들어서 각 모서리를 각자가 메고 갔다.

39. 도둑 은닉하기

우선 16개씩의 바둑돌을 오른쪽 그림과 같이 나열한다.

당과 일본 국경의 바다에는 배를 조사하는 초소가 있다. 7명씩 사방을 감시하고 있기 때문에 7인 초소라는 이름이 붙여져 있다.

여기에 도둑 8명이 도망 와서 숨겨달라고 애원했다. 감시하는 사람 중에 머리가 좋은 사람이 있어서, 각 방향의 7명의 감시인의 수는 늘리지 않고 오른쪽의 그림과 같이 한 명을 숨겨주었다.

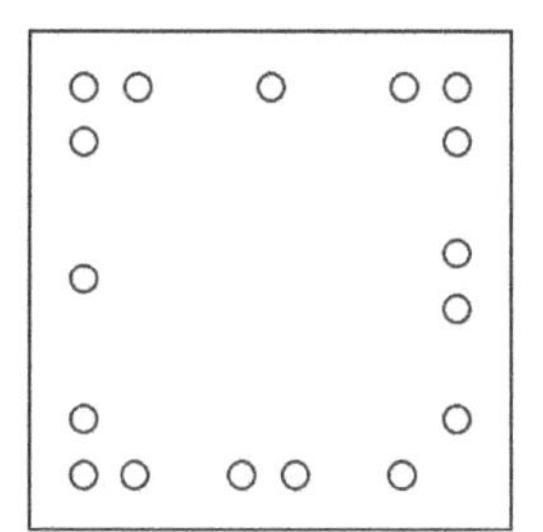

그러면 한 명만이 아니라, 8명 전원을 감쪽같이 숨겨줄 수 있을까?

답: 아래의 그림과 같이 24명을 배치한다.

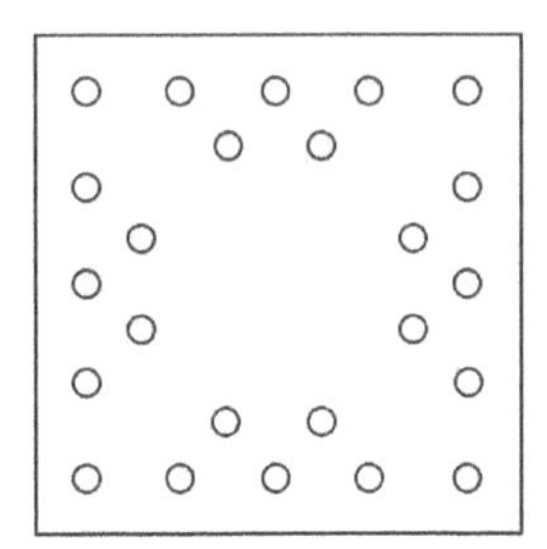

이 문제도 앞에 소개한 17번의 '자식 대 잇기'와 36번의 '백오감산', 38번의 '샅샅 하기'와 마찬가지로 무로마치 시대에 어린이들이 좋아했던 바둑돌 놀이이다.

* * *

이 도둑 은닉과 비슷한 놀이가 17세기경의 유럽에도 있다. 17세기 초 프랑스의 수학자인 바쉐의 책에 나와 있지만 여기서는 후세의 개작을 소개한다.

고잠이라는 곳에 8실의 방과 중앙이 유희실인 기숙사가 있었다. 〈그림 1〉과 같이 각 실에 3명씩 수용하여 24명의 학생을 관리하고 있다. 어느 날 점호 시간이 되어도 4명의 학생이 놀러 나가 돌아오지 않았다. 그래서 학생들은 상의해서 〈그림 2〉와 같이 학생을 배치하여 사감의 점검을 잘 통과했다고 하는 내용이다.

3	3	3
3		3
3	3	3

〈그림 1〉

4	1	4
1		1
4	1	4

〈그림 2〉

40. 목부자(目付字)

목부자란 상대방의 누군가가 하나의 문자를 기억하게 하고 그 문자를 맞추는 놀이로서 무로마치 시대의 귀족 놀이였다고 한다.

에도 시대 초기의 수학자인 요시다(吉田光由)의 수학서 『진겁기(塵劫記)』(1627)에도 나와 있지만 오른쪽의 그림은 나카네(中根彦循)의 『감자어가쌍지(勘者御伽雙紙)』의 것이다. 벚나무 가지 5개에 피어 있는 꽃잎에 문자가 쓰여 있고, 어느 가지와 어느 가지에 기억된 문자가 있는가를 묻는 것만으로 상대방이 기억한 문자를 맞추는 것이다.

이 그림에서는 문자를 알아보기 어렵기 때문에 각 가지에 쓰여 있는 문자를 다음 페이지의 표에 만들어 두었으므로 맞추는 원리를 생각해 보라. 위에서부터 순서대로 제1가지, 제2가지로 이름을 붙이기로 하자.

사 1	라 3	노 5	미 7
이 9	레 11	오 13	로 15
모 17	나 19	아 21	시 23
가 25	헤 27	조 29	루 31

제1가지

쿠 2	라 3	후 6	미 7
츠 10	레 11	보 14	로 15
하 18	나 19	리 22	시 23
즈 26	헤 27	우 30	루 31

제2가지

키 4	노 5	후 6	미 7
도 12	오 13	보 14	로 15
니 20	아 21	리 22	시 23
데 28	조 29	우 30	루 31

제3가지

야 8	이 9	츠 10	레 11
도 12	오 13	보 14	로 15
와 24	가 25	즈 26	헤 27
데 28	조 29	우 30	루 31

제4가지

게 16	모 17	하 18	나 19
니 20	아 21	리 22	시 23
오 24	가 25	즈 26	헤 27
데 28	조 29	우 30	루 31

제5가지

답: 밑에 보는 바와 같이 문자에 숫자를 대응시켜 이진법의 원리를 이용한 것이다.

수를 대응시키기 위해 다음의 단가(短歌)를 암기하자.

사	쿠	라	키	노	후	미	야	이	츠	레	도	오	보	로	게
1	2	3	4	5	6	7	8	9	10	11	12	13	14	15	16
모	하	나	니	아	리	시	오	가	즈	헤	데	조	우	루	
17	18	19	20	21	22	23	24	25	26	27	28	29	30	31	

다음으로 제1가지에 1, 제2가지에 2, 제3가지에 4, 제4가지에 8, 제5가지에 16을 대응시킨다.

상대방이 기억하고 있는 문자가 제2가지와 제3가지, 제5가지에 있다고 한다면 2와 4와 16의 합인 22가 기억하고 있는 문자에 대응하는 수가 되므로 기억하는 문자는 '리'임을 알 수 있다.

맞추는 방법을 알았으니 어떻게 문자를 배치하는지를 설명해 두자. 예를 들면, 문자 '가'에 대응하는 수는 25이므로 25=16+8+1(이진법으로 11001이다). 따라서 제1가지와 제4가지와 제5가지에 '가'를 써넣은 것이다.

다른 사람의 눈을
피해 다니는 길
달이 떠도 가고
어둠 속에도 가고
비 오는 밤도 바람 부는 밤도
나뭇잎에 가을비 내리고
눈이 쌓이고
처마의 낙숫물이 흐르고
가면 돌아오고 돌아오면 가고

41. 소정산(小町算)

『졸탑파소정(卒塔婆小町)』의 요곡(謠曲)에 후카쿠사(深草) 장군이 오노고 마을 근처에서 99일 밤에 다녔다고 하는 이야기가 전해지고 있다.

'다른 사람의 눈을 피해 다니는 길, 달이 떠도 가고, 어둠 속에도 가고, 비 오는 밤도, 바람이 부는 밤에도, 나뭇잎에 가을비 내리고, 눈이 쌓이고, 처마의 낙숫물이 흐르고, 가면 돌아오고, 돌아오면 가고, 1일 2일 3일 4일 밤, 7일 8일 9일 밤. 토요(豊)의 다음날 연회에서 만나기 위해서 날아가는 학, 시간을 돌려놓지 않은 새벽, 탑 돌기를 100일 밤까지라도 돌아서, 99일 밤이 되고 싶다.'

이 이야기와 연관되는 것으로 나카네(中根彦循)의 『감자어가쌍지(勘者御伽雙紙)』(1743) 안에 다음과 같이 출제되어 있다.

'졸탑파소정의 안에서 1일 2일 밤과 3일 4일 밤이겠지.

5일 6일 밤은 새로운 곳에서 7일 8일 밤, 9일 10일 밤은 노래하면서, 그래도 그 안에 적어둔 99일 밤은 아무리 해도 되지 않는다.'

라는 것이다. 결국, 1에서 10까지의 수 중에서 5와 6은 사용하지 않고 99를 나타내고 싶은 것이므로 ○ 안에 +, -, ×, ÷의 기호를 넣어서 등식

1○2○3○4○7○8○9○10=99

이 성립되도록 하는 것이 문제이다.

답: 1+2+3+4+7+8×9+10=99

이외에도

1+2+3+4+7-8+9×10=99　　　1×2×3×4+7×8+9+10=99

등의 답이 있다.

* * *

요곡(謠曲)에는 10일 밤이 없는데 문제에 10을 포함하고 있는 것은 토요(豊)를 10일 밤으로 읽었는지도 모른다. 아라비아 숫자의 문제에서 10을 빼면 숫자라고 생각되기 위해서 12, 23 등의 수를 사용한다. 따라서

1×2-3+4+7+89=99

등의 답이 있다.

소정산은 다나카(田中由眞)가 지은 『잡집구소산법(雜集求笑算法)』(1698)에 나와 있으므로 『감자어가쌍지』보다 훨씬 전에 있었던 것임을 알 수 있다.

현재의 소정산은 5와 6을 뺄 이유가 없으므로 1에서 9까지의 숫자를 사용해서 여러 가지 수를 나타내는 문제를 가리키고 있다. 특히, 100을 나타내는 센추리 퍼즐(Century Puzzle)이 유명하다.

1+2+3-4+5+6+78+9=100　　　1+23-4+56+7+8+9=100

123-45-67+89=100

등 많은 해가 있다. 또 역순으로

98-76+54+3+21=100　　　98-7+6-5+4+3+2-1=100

도 생각할 수 있다.

42. 들어내기

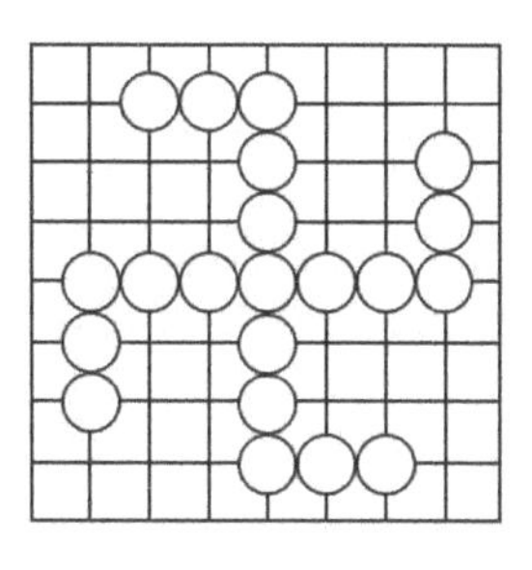

바둑판의 눈에 오른쪽 그림과 같이 만(卍) 자형으로 바둑돌이 놓여 있다. 어느 바둑돌부터 들어내기 시작해도 좋지만 바둑판의 선을 따라 들어내면서 돌을 전부 들어내고 싶다. 단지, 선상에 있는 돌을 뛰어넘는 것은 안 되며, 왼쪽이나 오른쪽으로 돌아갈 수 있는 것은 바둑돌을 들어냈을 때에만 한한다. 또, 직접 바로 되돌아오는 일도 허락되지 않는다.

이 문제는 에도 시대에 출판된 환중선(環中仙)의 『화국지혜교(和國智惠較)』(1727) 안에 나와 있다. 오른쪽 그림도 그 안에 있다.

답: 아래 그림과 같이 1, 2, 3, …, 21을 들어내면 된다.

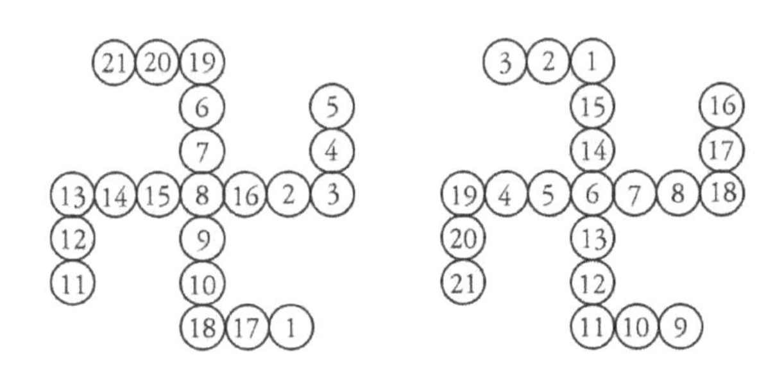

왼쪽 그림의 방법은 『화국지혜교』 안에 들어 있는 것이다. 오른쪽 방법은 구부러지는 횟수를 될 수 있는 한 적게 하는 편이 낫다고 해서 이번에 생각한 방법이다.

* * *

이 '들어내기'는 일본의 독특한 놀이로서 에도 시대에 잘 행해졌다고 한다. 흥미 있는 '들어내기'의 예를 두 가지 제시한다.

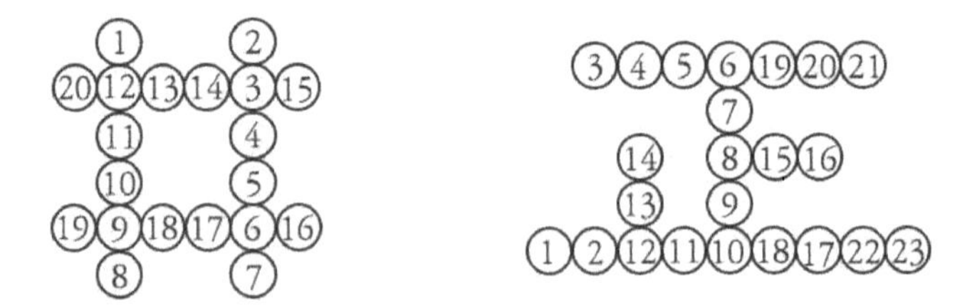

43. 원앙새 놀이

'원앙새 놀이'란 에도 시대의 수학자인 나카네(中根彦循)가 쓴 수학 퍼즐의 책 『감자어가쌍지』(1743)에 나와 있는 바둑돌 놀이이다.

검은돌 3개, 흰돌 3개를 다음 그림과 같이 흑백을 교대로 나열한다.

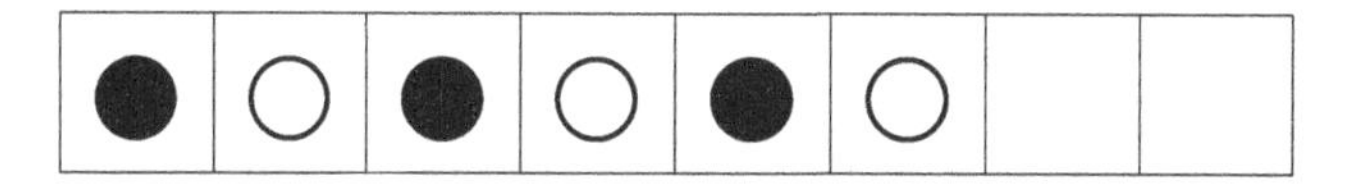

나열한 2개의 바둑돌을 동시에 그대로의 순서대로 빈 장소에 옮기는 일을 반복해서

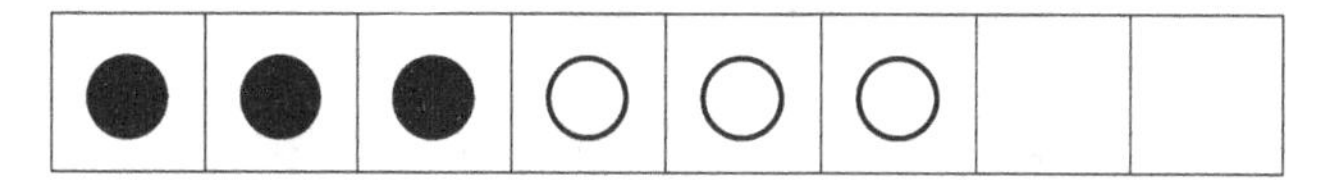

이 되도록 하고 싶다. 어떻게 움직이면 좋을까?

'원앙새 놀이'라는 이름은 원앙부부처럼 사이좋게 2개씩 바둑돌을 움직인다는 것에서 나온 것이다.

답: 아래와 같이 하면 된다.

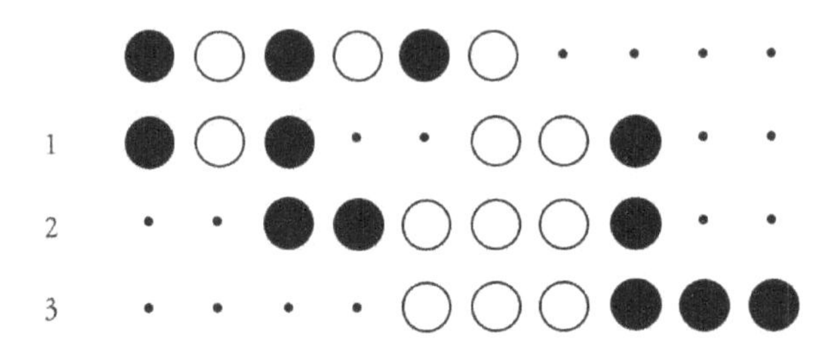

이 방법은 『감자어가쌍지』에 나와 있는 것이다. 이 답은 빈 장소를 네 곳 사용했지만 빈 곳을 두 곳으로 한다면 다음과 같은 네 단계의 방법이 있다.

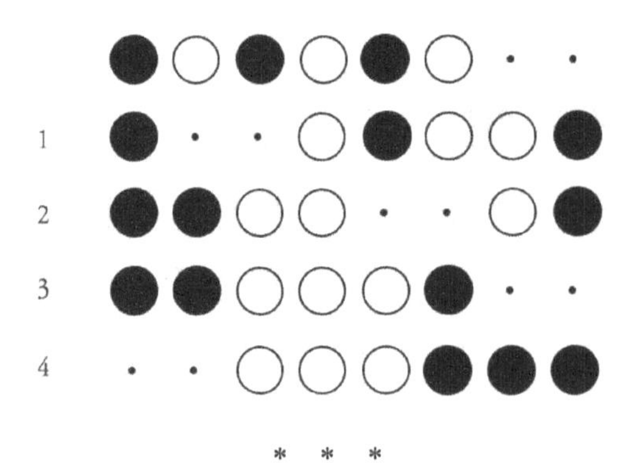

* * *

이 문제를 유럽에서는 물리학자 테드의 문제라고 부른다. 1884년 테드가 물리 잡지에 발표한 것이 유럽에서는 최초이다. 따라서, 일본의 나카네(中根彦循)가 141년이나 빠르다.

n이 3 이상일 때 검은돌 n개, 흰돌 n개로 해도 같은 방법으로 할 수 있다.

44. 부적 오각형

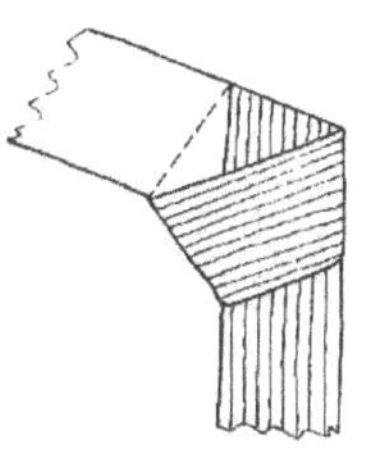

부적을 묶어서 신사(神社)의 경내에 있는 나뭇가지에 매달아 두는 습관이 있다. 부적을 묶었을 때 그 매듭이 정오각형이 되는 것은 잘 알려져 있다.

그러면 꽤 긴 테이프를 묶어서 정칠각형을 만들어 보라.

답: 다음 그림과 같이 둘둘 감으면 정칠각형이 된다.

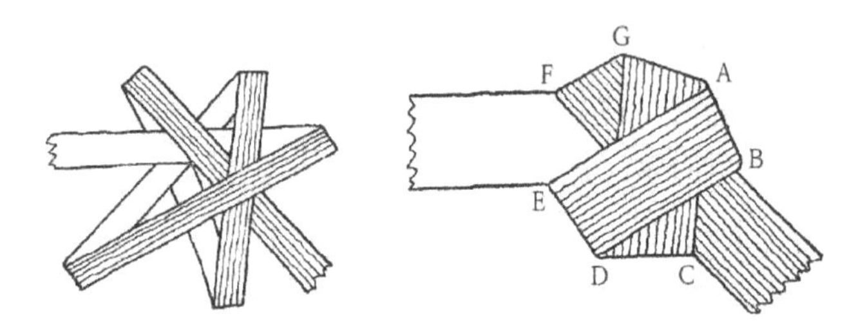

정칠각형이 되는 이유를 간단히 설명하자.

① 똑같은 폭의 테이프를 포개면 포개진 부분은 마름모꼴이 된다(마름모꼴의 대각선은 꼭지각을 이등분한다).

② 하나의 테이프를 경사지게 구부리면 겹친 부분은 이등변삼각형이 된다.

그래서 그림과 같이 칠각형의 꼭짓점에 ABCDEFG라고 이름을 붙인다. 그러면 △EAB와 △ADE는 이등변삼각형으로 합동이다. 이하도 같은 방법으로 하면

$$\triangle EAB \equiv \triangle ADE \equiv \triangle DGA \equiv \triangle GCD \equiv \triangle CFG$$

라고 할 수 있다. $\angle AEB=\theta$라면

$$\angle DAE=\angle GDA=\angle CGD=\angle FCG=\theta$$

테이프 ABDE와 테이프 GACD의 겹친 부분은 마름모꼴이므로 AD는 마름모꼴의 꼭지각을 이등분하고, $\angle ADB=\theta$이다. 한편 세 변이 같기 위해서는 $\triangle ABD \equiv \triangle EDB$이고, $\angle DBE=\theta$이다. 마찬가지로 $\angle CFD=\theta$이므로 결국 칠각형 ABCDEFG는 동일한 원주상에 있다. 정칠각형이 되는 증명은 간단하다.

45. 충식산(虫食算)

아래 그림이 나타내는 것은 에도 시대의 수학자인 후지다(廣田定資)의 『정요산법(精要算法)』(1718)에 나와 있는 것으로, 그 내용은

> '쌀 □□3섬 7말 □□의 가격은 금 1□□냥과 은 13돈 8푼이다. 단, 쌀의 시세는 금 1냥에 대해 1섬 8말이고, 은 60돈은 금 1냥에 해당된다.'

로 되어 있다. 벌레가 먹어서 알 수 없게 된 □부분을 추리해 보라.

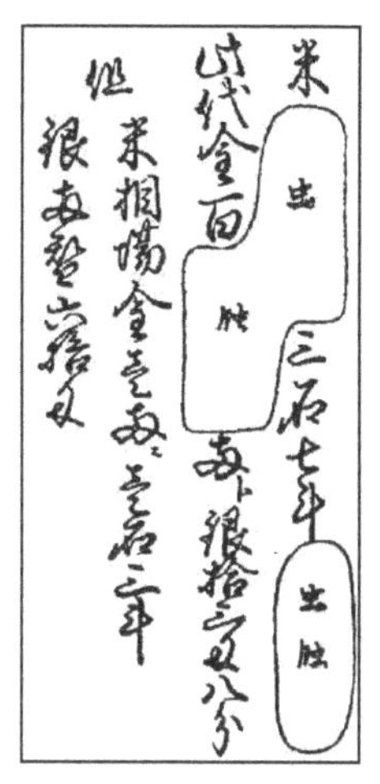

답: 쌀 ②⑤3섬 7말 ⑨⑨의 가격은 금 1⑨⑤냥과 은 13돈 8푼

은 13돈 8푼을 금으로 환산하면

13.8÷60=0.23(냥)

이 되므로, 위의 식은

1□□.23×1.3=□□3.7□□

로 나타낼 수 있다.

```
   1ab.23
 ×    1.3
 --------
    xyz69
   1ab23
 --------
  uv3.7⑨⑨
```

이것을 다음과 같은 형식으로 나타내 보이면 z=5임을 곧 알 수 있다. 그러면, b=5이므로 y=8이 되고, a=9가 된다. 결국, u=2, v=5가 얻어진다.

* * *

이와 같은 충식산으로 가장 오래된 것은 나카네(中根彦循)가 지은 『간두산법(竿頭算法)』(1738)에 나와 있다. 그 문제는

'객이 와서 다음과 같이 질문했다. 오래된 서류가 나와서 펴 보니 몇 개의 은을 37명에게 등분하는 문제였다. 그러나 벌레가 먹어서 은의 총액은 가운데가 23푼인 것밖에 알 수 없다. 또 한 사람당 은의 양도 벌레가 먹어서 마지막이 2푼 3리라는 것밖에 모른다. 도대체 은의 총량과 한 사람의 몫은 각각 얼마인가?'

라는 것이다(답은 은의 총량이 3관 523돈 5푼 1리이고, 한 사람의 몫은 93돈 2푼 3리이다). 서양에서 벌레 먹은 자리의 계산은 오래된 것이라도 20세기 초라고 생각된다.

4장

근세의 퍼즐—타일붙이기

▣ 타일붙이기에 대해

타일붙이기란 여러 가지 도형으로 평면을 까는 일이다. 여기에서는 주로 다각형에 의한 평면깔기에 대해 생각하자.

우선, 합동인 정다각형에 의한 타일붙이기를 생각해 보자. 정 n각형에서 한 내각의 크기는

$$\left(\frac{1}{2}-\frac{1}{n}\right)\times 360^{\circ}$$

이다. 이들을 한 점 주위에 m개 모았을 때 360°가 되어야 하기 때문에

$$\left(\frac{1}{2}-\frac{1}{n}\right)\times 360\times m=360$$

이 된다. 따라서

$$\frac{1}{m}+\frac{1}{n}=\frac{1}{2}$$

이라는 식이 성립한다. 그런데 $n\geq3$이기 때문에

$$0<\frac{1}{2}-\frac{1}{m}=\frac{1}{n}\leq\frac{1}{3} \qquad \therefore 3\leq m\leq6$$

이 된다.

m=3일 때, n=6

m=4일 때, n=4

m=5일 때, 정수 n은 없다.

m=6일 때, n=3

결국 정육각형을 3개, 정사각형을 4개, 정삼각형을 6개 모을

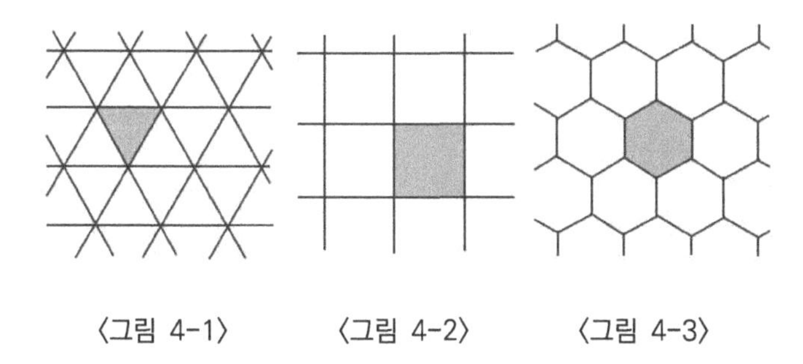

〈그림 4-1〉 〈그림 4-2〉 〈그림 4-3〉

때의 3종류밖에 없다(〈그림 4-1〉, 〈그림 4-2〉, 〈그림 4-3〉 참조). 이 일은 피타고라스도 잘 알고 있었다.

하나의 정점 주위에 정다각형을 모으지 않아도 평면을 깔 수 있다. 예를 들면 정삼각형과 정사각형의 경우에 변 위의 어떤 점에 다른 다각형의 정점이 오도록 해도 다음 그림처럼 평면을 깔 수가 있다(〈그림 4-4〉, 〈그림 4-5〉 참조).

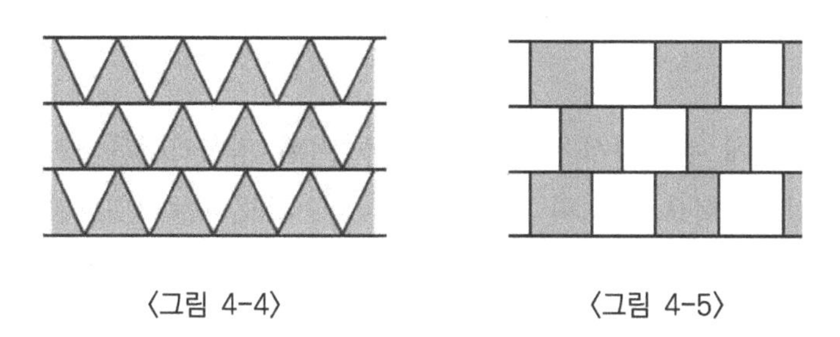

〈그림 4-4〉 〈그림 4-5〉

더욱이 크기가 다르고 종류가 같은 정다각형만을 사용해서 평면을 깔 수도 있다(〈그림 4-6〉, 〈그림 4-7〉, 〈그림 4-8〉, 〈그림 4-9〉 참조).

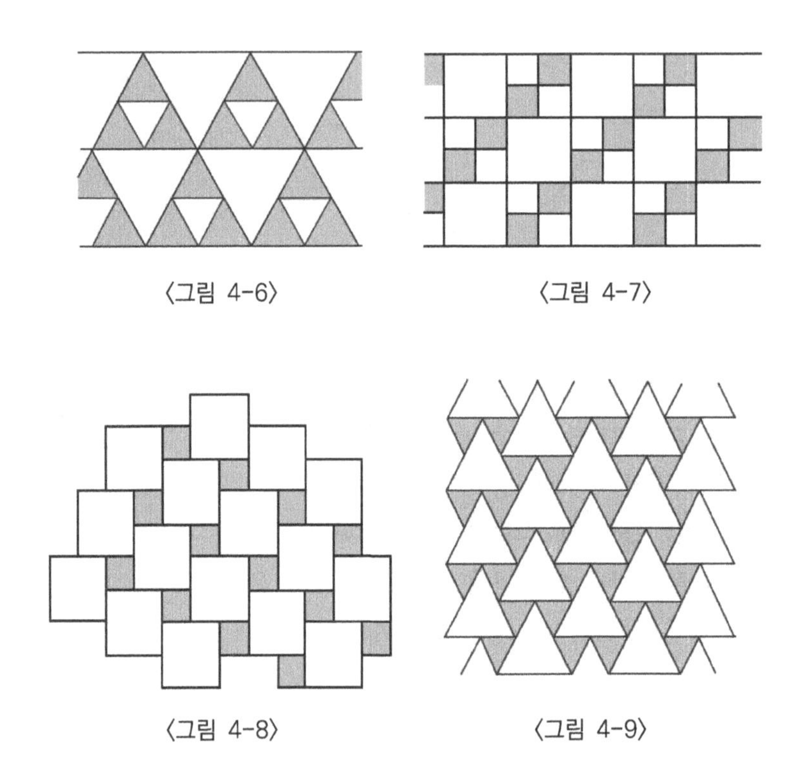

〈그림 4-6〉 〈그림 4-7〉

〈그림 4-8〉 〈그림 4-9〉

이 문제에 관련해서 생각되는 것은 어떤 정사각형을 크기가 다른 정사각형으로 채워 넣는 문제이다. 듀도니는 1907년 이 문제를 제안했지만 아마도 불가능하다고 예상했던 것 같다. 그런데 1938년 케임브리지 대학의 4명의 학생이 공동 연구로 〈그림 4-10〉과 같이 26개의 정사각형으로 길이 608의 정사각형을 채우는 데에 성공했다. 현재는 〈그림 4-11〉과 같이 21개의 정사각형으로 길이 112의 정사각형을 채우는 것이 발견되어 있다.

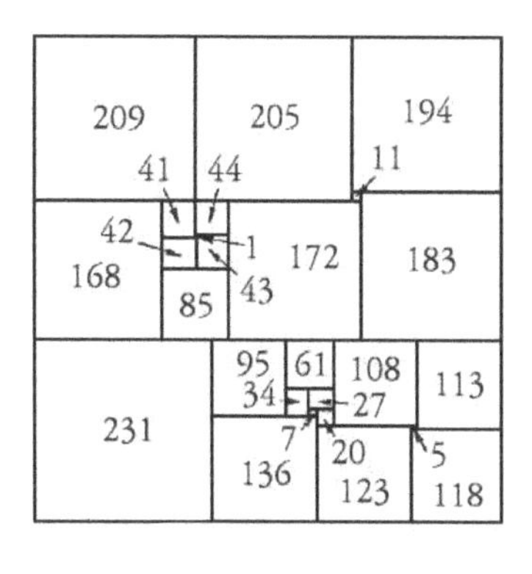

〈그림 4-10〉

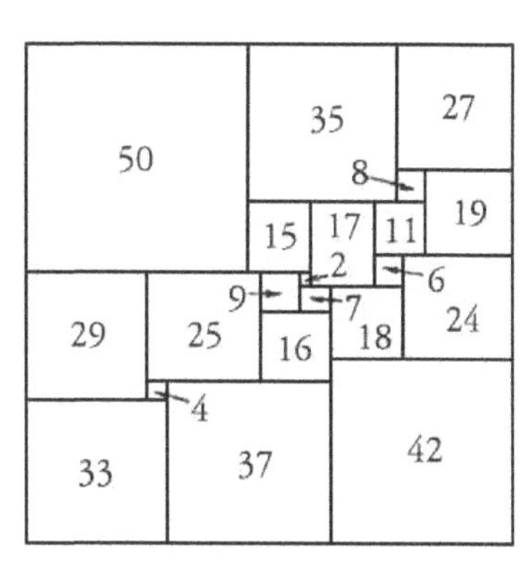

〈그림 4-11〉

이와 마찬가지로, 정삼각형을 크기가 다른 정삼각형으로 채우는 문제도 생각할 수 있으나 그것에 성공한 실제의 예를 본 일은 아직까지는 없다.

이번에는 두 종류 이상의 정다각형으로 평면을 까는 일을 생각해 보자. 여기에서는 정다각형의 변도 길이가 전부 같고, 어느 정점도 다른 정다각형과 정점을 공유하고 있으며, 모든 정점에서의 정다각형의 배열이 항상 같게(균질) 되어 있다고 하자.

[A] 한 점의 주위에 세 개의 정다각형이 모일 때

이 세 개의 정다각형을 정p각형, 정q각형, 정r각형이라고 하자. $(p \leq q \leq r)$이라면

$$\left(\frac{1}{2}-\frac{1}{p}\right)\times 360+\left(\frac{1}{2}-\frac{1}{q}\right)\times 360+\left(\frac{1}{2}-\frac{1}{r}\right)\times 360=360$$

이 성립되므로

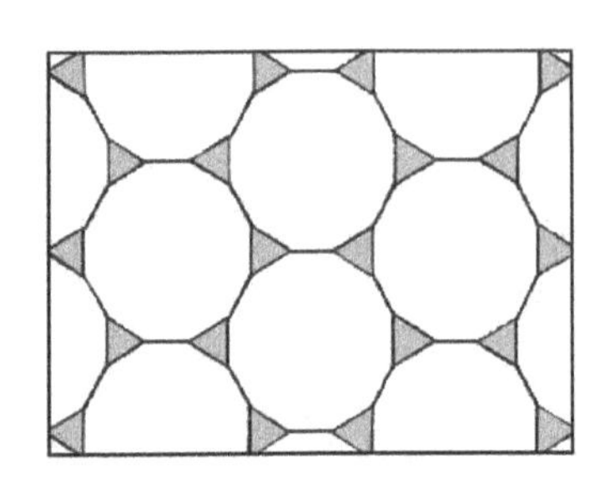

〈그림 4-12〉 (ㅁ)형

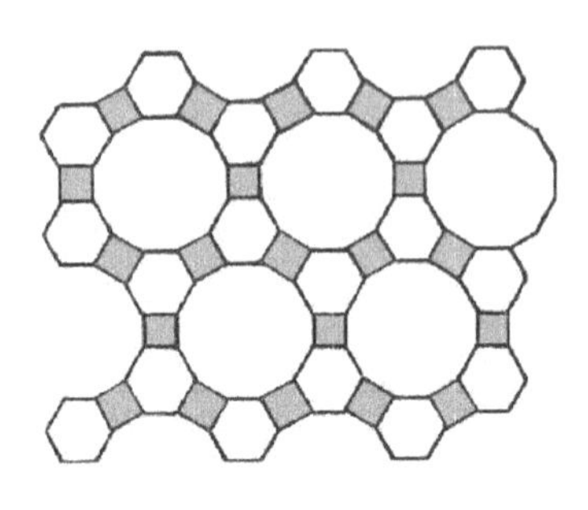

〈그림 4-13〉 (ㅅ)형

$$\frac{1}{p}+\frac{1}{q}+\frac{1}{r}=\frac{1}{2}\quad(3\leq p\leq q\leq r)$$

이라는 관계가 성립한다. 이를 풀면

*(ㄱ) p=3, q=7, r=42

*(ㄴ) p=3, q=8, r=24

*(ㄷ) p=3, q=9, r=18

*(ㄹ) p=3, q=10, r=15

(ㅁ) p=3, q=12, r=12

*(ㅂ) p=4, q=5, r=20

(ㅅ) p=4, q=6, r=12

(ㅇ) p=4, q=8, r=8

*(ㅈ) p=5, q=5, r=10

(ㅊ) p=6, q=6, r=6

의 10가지 경우를 생각할 수 있지만 *를 붙인 6가지 경우에는 한 점 주위만은 채울 수가 있으나, 다른 정점에서 평면을 채울 수는 없다. (ㅊ)형의 경우는 이미 〈그림 4-3〉으로 보였기

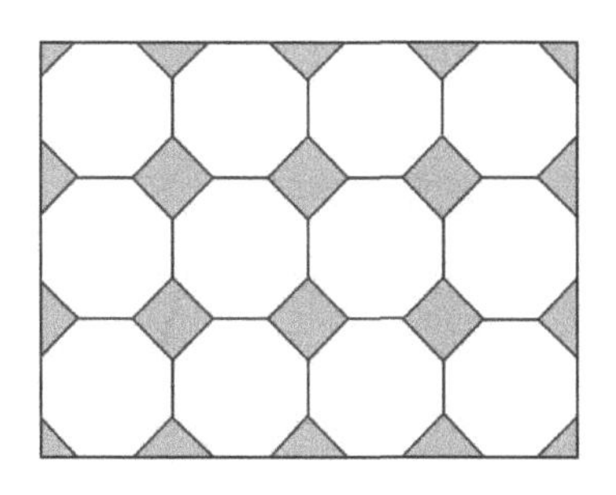

〈그림 4-14〉 (ㅇ)형

때문에 (ㅁ), (ㅅ), (ㅇ)의 세 경우를 보인다(〈그림 4-12〉, 〈그림 4-13〉, 〈그림 4-14〉 참조).

[B] 한 점 주위에 4개의 정다각형이 모일 때 4개의 정다각형을 정p각형, 정q각형, 정r각형, 정s각형이라고 하면

$$\frac{1}{p}+\frac{1}{q}+\frac{1}{r}+\frac{1}{s}=\frac{1}{2}\quad(3\leq p\leq q\leq r\leq s)$$

가 얻어진다. 이를 풀면

*(ㅋ) p=3, q=3, r=4, s=12

(ㅌ) p=3, q=3, r=6, s=6

(ㅍ) p=3, q=4, r=4, s=6

(ㅎ) p=4, q=4, r=4, s=4

의 4가지 해가 얻어진다.

(ㅋ)형의 경우가 불가능하다는 것을 증명하는 것은 조금 번거롭다. 삼각형의 위치 관계로부터 3가지 경우가 생각되지만 〈그림 4-15〉에서는 점 A에 정사각형이 두 개 모이기 때문에, 〈그

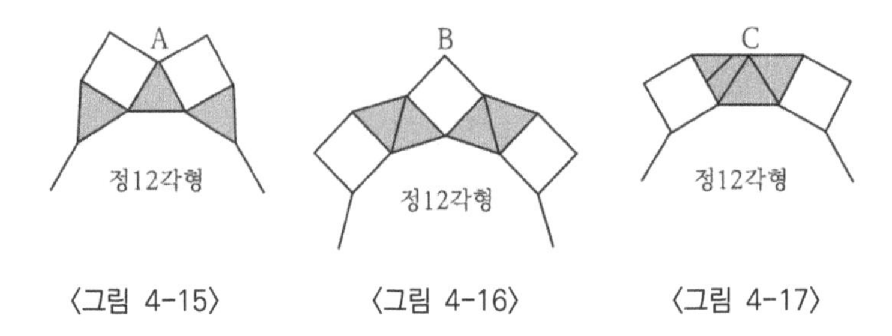

〈그림 4-15〉 〈그림 4-16〉 〈그림 4-17〉

림 4-16〉에서는 점 B에 정12각형이 두 개 모이기 때문에, 〈그림 4-17〉에서는 점 C에 정삼각형이 세 개 모이기 때문에 어느 것도 (ㅋ)형은 되지 않는다.

(ㅌ)형의 경우, 〈그림 4-18〉이 얻어지고, (ㅍ)형의 경우는 〈그림 4-19〉가 얻어진다. (ㅎ)형은 이미 〈그림 4-2〉로서 보였다.

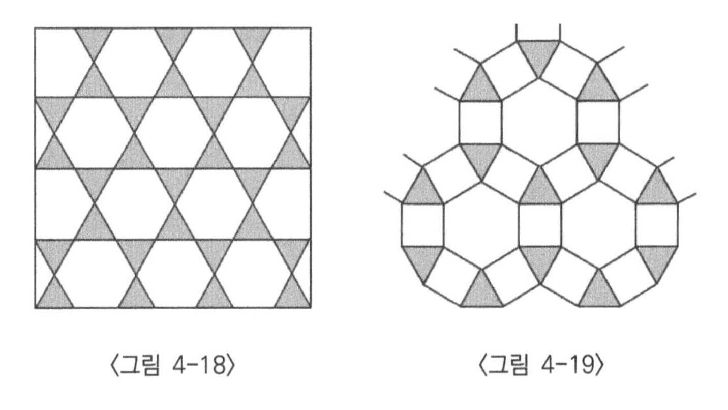

〈그림 4-18〉 〈그림 4-19〉

[C] 한 점의 주위에 5개의 정다각형이 모일 때 5개의 정다각형의 변수를 p, q, r, s, t라 하고

$3 \leq p \leq q \leq r \leq s \leq t$로 하면

$$\frac{1}{p}+\frac{1}{q}+\frac{1}{r}+\frac{1}{s}+\frac{1}{t}=\frac{3}{2}$$

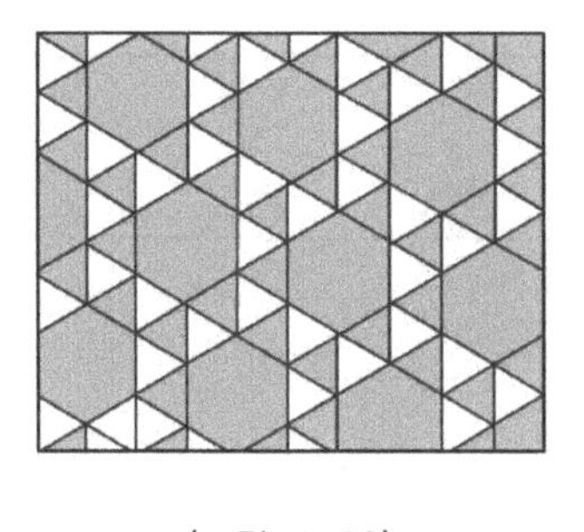

〈그림 4-20〉

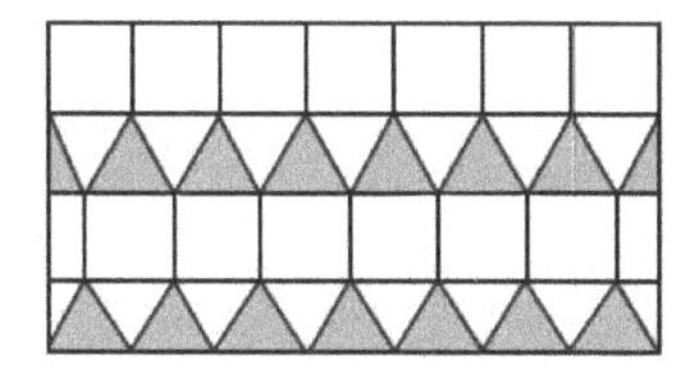
〈그림 4-21〉

이 성립한다. 이를 풀면

(아) p=q=r=s=3, t=6

(야) p=q=r=3, s=t=4

의 두 가지의 해가 얻어진다.

(아)형은 〈그림 4-20〉에 보인 대로이지만 (야)형은 〈그림 4-21〉과 〈그림 4-22〉의 두 가지이다.

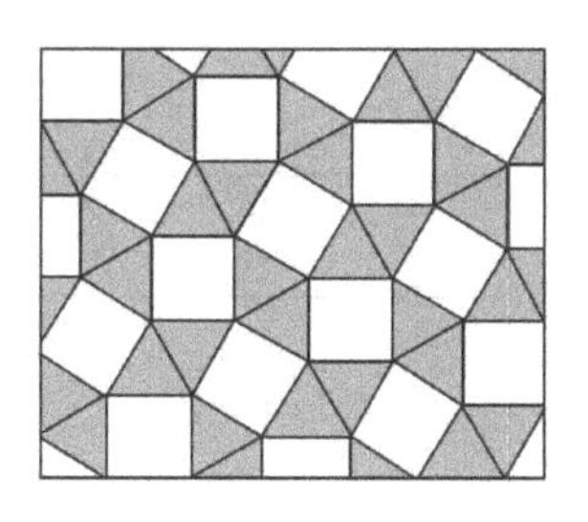
〈그림 4-22〉

[D] 한 점 주위에 6개의 정다각형이 모일 때

이때에는 정삼각형이 6개 모일 때의 (어)형밖에 생각되지 않으므로 이미 얻어진 〈그림 4-1〉의 경우뿐이다.

결국 어느 정점이라도 균질인 정다각형에 의한 타일붙이기는 (ㅁ), (ㅅ), (ㅇ), (ㅊ), (ㄷ), (ㅍ), (ㅎ), (아), (야), (어)의 10가지 형이 생각되고, (야)만이 두 가지 방법이 있기 때문에 전체적으로 11가지의 타일붙이기 방법이 있다. 이 11가지를 아르키메데스는 알고 있었다.

이상의 타일붙이기에서는 균질인 것을 생각했지만 각 정점이

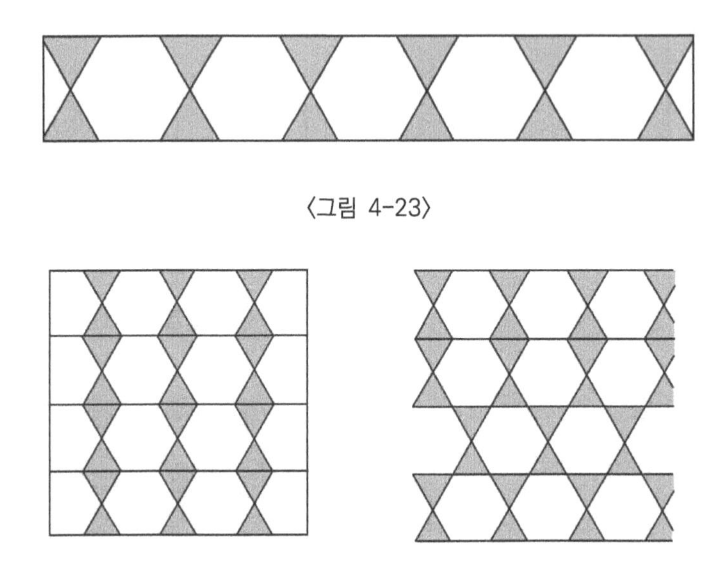

〈그림 4-23〉

〈그림 4-24〉 〈그림 4-25〉

같은 형의 정다각형의 모임이 되기만 하면 좋다고 해보자.

(ㅌ)형에서는 〈그림 4-23〉과 같이 띠 모양의 도형을 붙이면 〈그림 4-18〉과 같이 균질인 도형도 만들어지지만 〈그림 4-24〉, 〈그림 4-25〉와 같은 균질이 아닌 모양이 무수하게 만들어진다.

(ㅍ)형의 정육각형에 정삼각형과 정사각형을 어떻게 접속시키는가에 따라 다음 〈그림 4-26〉에서 〈그림 4-30〉까지 보인 것처럼 Ⅰ, Ⅱ, Ⅲ, Ⅳ, Ⅴ의 다섯 가지 방법이 있다.

Ⅰ형만으로 평면을 채운 것이 균질인 〈그림 4-19〉이다. Ⅰ형과 Ⅴ형만으로서 평면을 채운 것이 〈그림 4-31〉이고, Ⅰ형과 Ⅳ형만으로 평면을 채운 것이 〈그림 4-32〉이다.

이외에도 Ⅰ형에서 Ⅴ형까지를 조합해서 무수한 변형을 생각

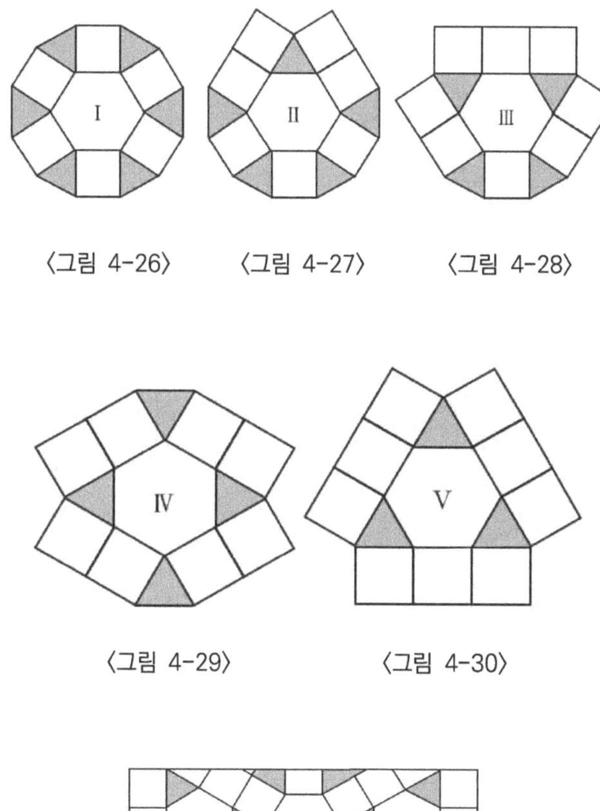

〈그림 4-26〉 〈그림 4-27〉 〈그림 4-28〉

〈그림 4-29〉 〈그림 4-30〉

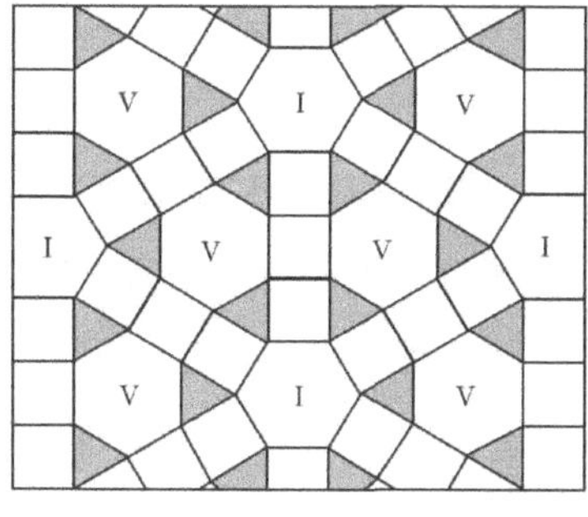

〈그림 4-31〉

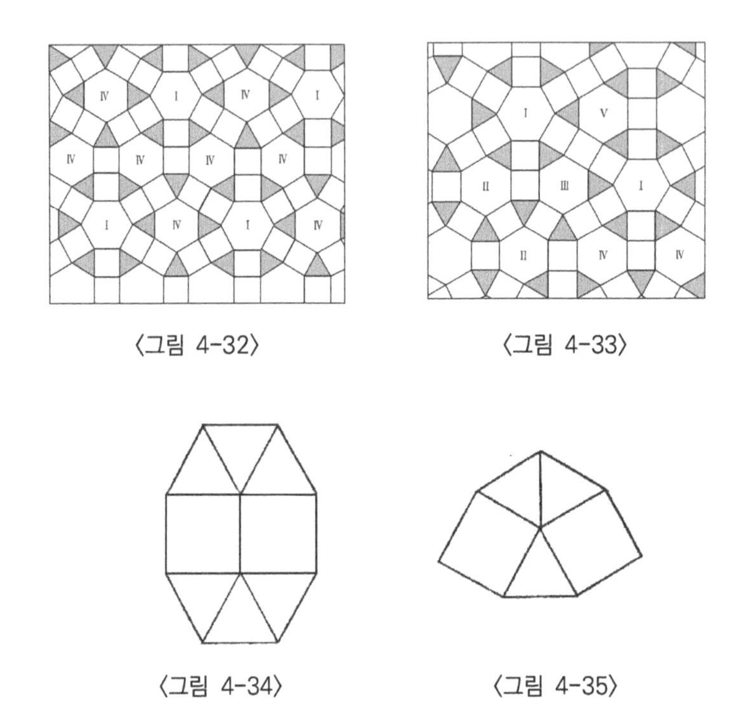

〈그림 4-32〉 〈그림 4-33〉

〈그림 4-34〉 〈그림 4-35〉

할 수 있다. 〈그림 4-33〉은 그와 같은 실례의 한 가지이다.

(ㅎ)형 및 (아)형으로부터는 균질인 것만 얻어진다. (야)형에서는 두 개의 정사각형을 붙이든지 떨어트리든지에 의해서 두 가지 형이 있다(〈그림 4-34〉, 〈그림 4-35〉 참조).

이들 두 가지 형을 잘 배치하면 균질인 것(〈그림 4-21〉, 〈그림 4-22〉 참조) 이외에도 많은 형이 만들어진다. 〈그림 4-36〉, 〈그림 4-37〉, 〈그림 4-38〉 등이 그와 같은 예이다.

(어)형으로부터는 균질인 것(그림 4-1)밖에 얻을 수 없다.

이와 같이 해서 균질이 아닌 것은 무수한 형이 만들어짐을 알았다. 더욱이 (ㄱ)에서 (어)까지의 형이 혼합해 있어도 좋다면 더

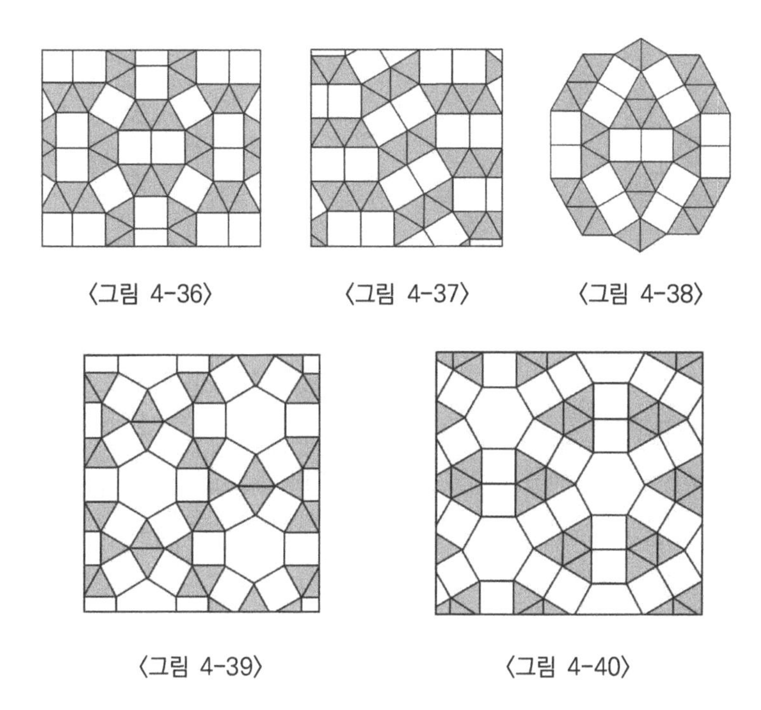

〈그림 4-36〉 〈그림 4-37〉 〈그림 4-38〉

〈그림 4-39〉 〈그림 4-40〉

욱 여러가지의 형이 만들어진다. 그와 같은 예로서 〈그림 4-39〉, 〈그림 4-40〉을 보여드리지만, 정육각형을 6개의 정삼각형으로 분할해도 여러 가지 형이 만들어진다. 또 〈그림 4-12〉와 〈그림 4-13〉의 정12각형을 〈그림 4-26〉과 같이 6개의 정삼각형, 6개의 정사각형, 한 개의 정육각형으로 분할해도 여러 가지의 형이 만들어진다.

이상은 정다각형에 의한 타일붙이기에 한정했지만, 당연히 일반적인 다각형에 의한 타일붙이기도 생각할 수 있다.

임의의 삼각형과 합동인 삼각형만을 반복하여 사용해서 평면을 채울 수 있고 임의의 사각형으로도(凹사각형이라도) 평면을 채울 수 있다(〈그림 4-41〉, 〈그림 4-42〉, 〈그림 4-43〉 참조).

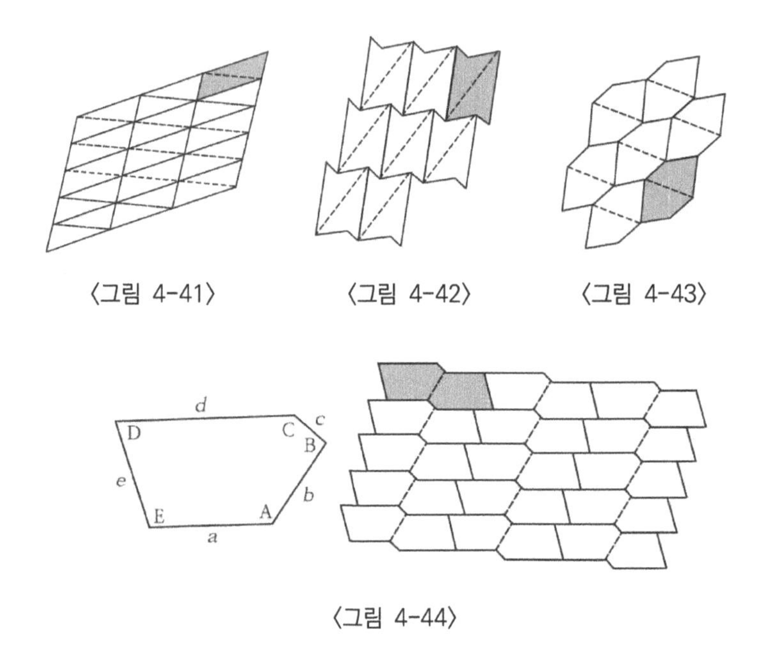

〈그림 4-41〉 〈그림 4-42〉 〈그림 4-43〉

〈그림 4-44〉

凸오각형으로 평면을 채울 때, 각의 크기와 변의 길이에 관련해서 특별한 조건이 필요하지만, 현재 9개의 타일이 알려져 있다(가드너의 『수학게임 Ⅲ』 및 나카무라의 『속 수리퍼즐』을 참조).

- 타일 1. 〈그림 4-44〉에 보인 형으로, 조건은 $A+B+C=360°$가 필요하다.
- 타일 2. 〈그림 4-45〉에 보인 형으로, 조건은 $A+B+D=360°$, $a=d$
- 타일 3. 〈그림 4-46〉에 보인 형으로 조건은 $A=C=D=120°$, $a=b$, $d=c+e$
- 타일 4. 〈그림 4-47〉에 보인 형으로, 조건은 $A=C=90°$, $a=b$, $c=d$

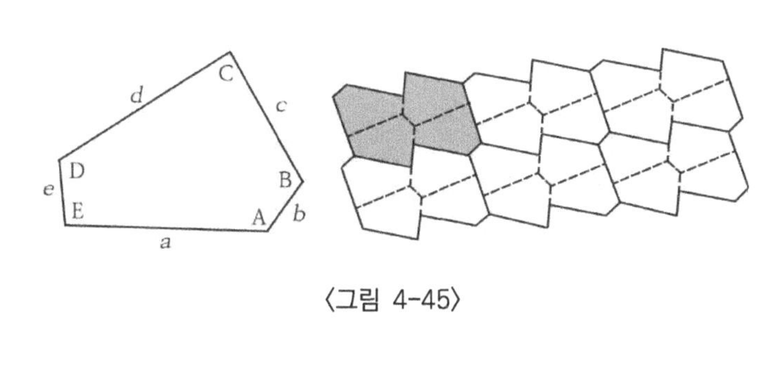

〈그림 4-45〉

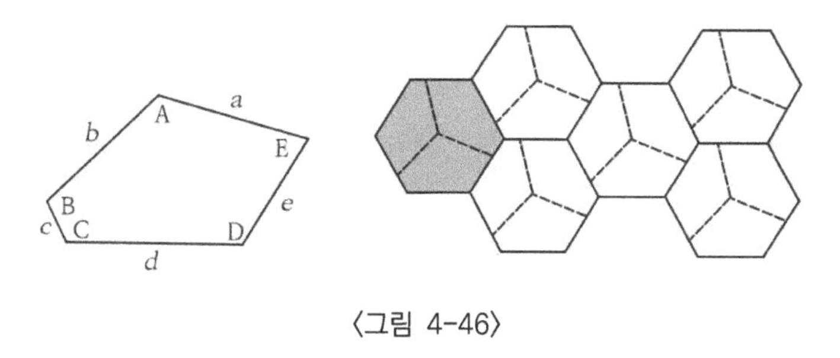

〈그림 4-46〉

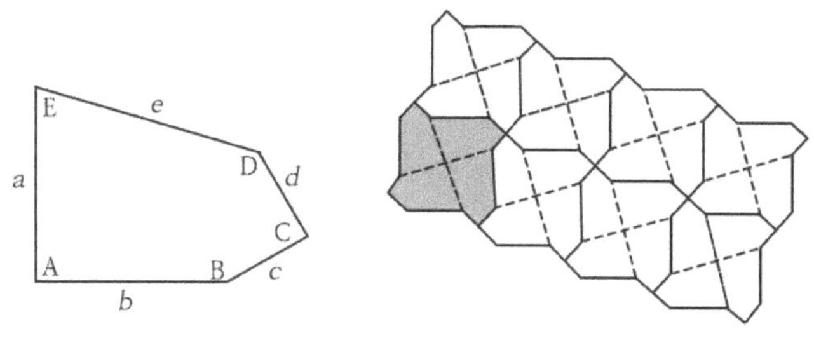

〈그림 4-47〉

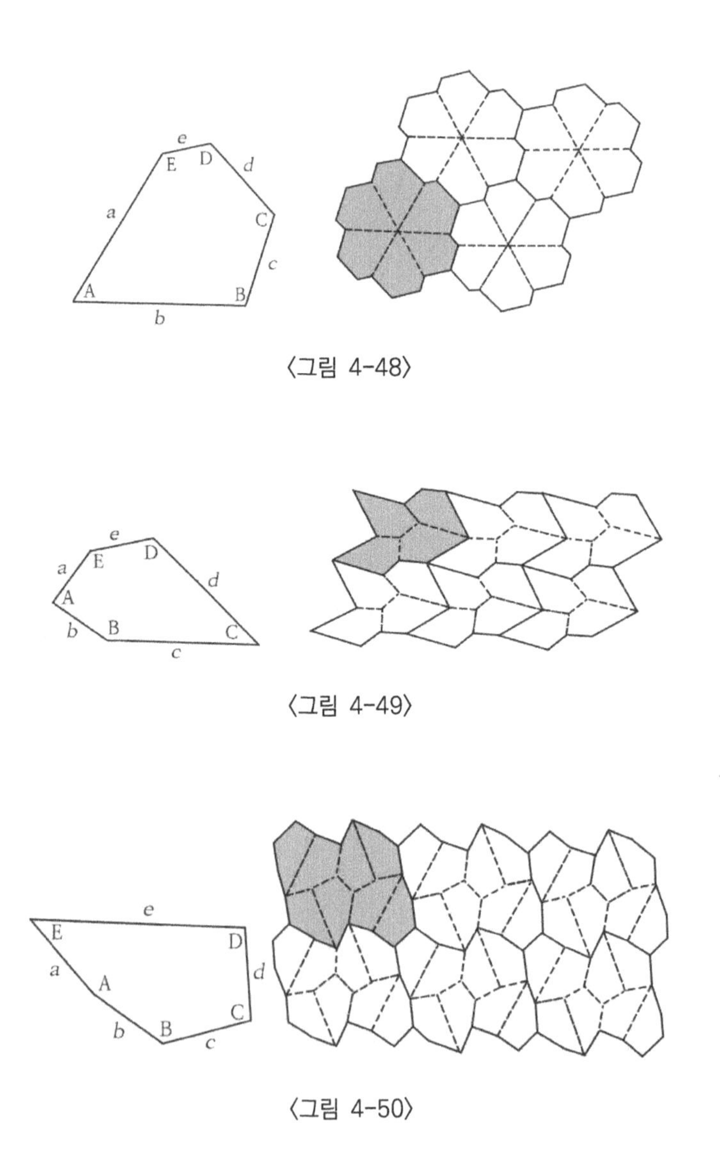

〈그림 4-48〉

〈그림 4-49〉

〈그림 4-50〉

● **타일 5. 〈그림 4-48〉에 보인 형으로, 조건은**

A=60°, C=120°, a=b, c=d

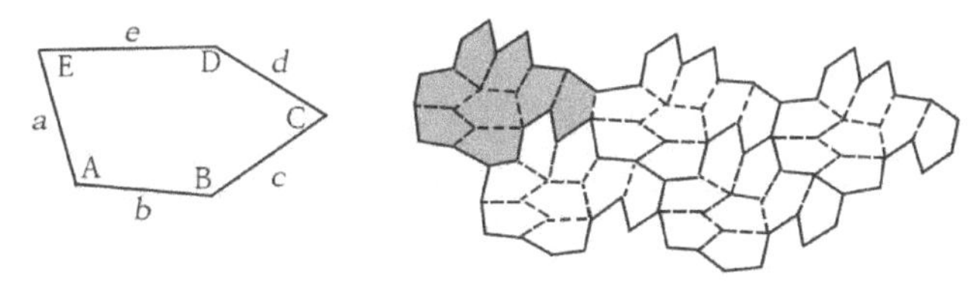

〈그림 4-51〉

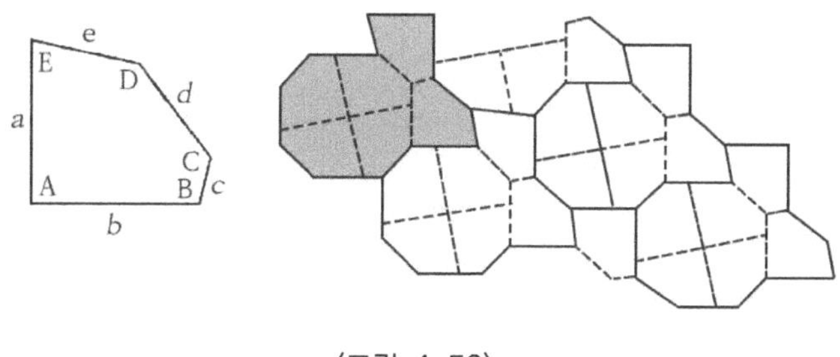

〈그림 4-52〉

- 타일 6. 〈그림 4-49〉에 보인 형으로, 조건은
  A+B+D=360°, A=2C, a=b=e, c=d
- 타일 7. 〈그림 4-50〉에 보인 형으로, 조건은
  2B+C=2D+A=360°, a=b=c=d
- 타일 8. 〈그림 4-51〉에 보인 형으로, 조건은
  2A+B=2D+C=360°, a=b=c=d
- 타일 9. 〈그림 4-52〉에 보인 형으로, 조건은
  A=90°, C+D=270°, 2D+E=2C+B=360°,
  a=b=c+e

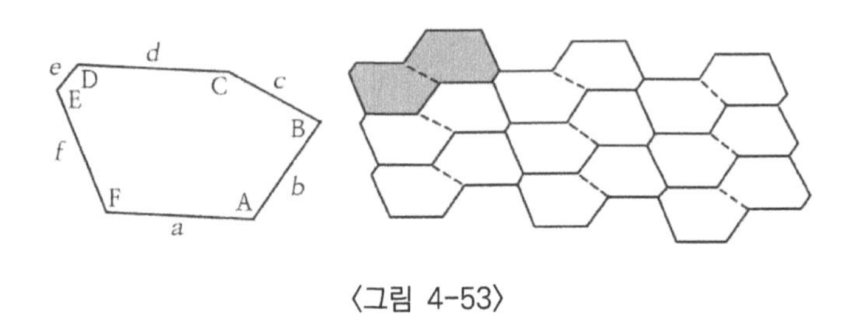

〈그림 4-53〉

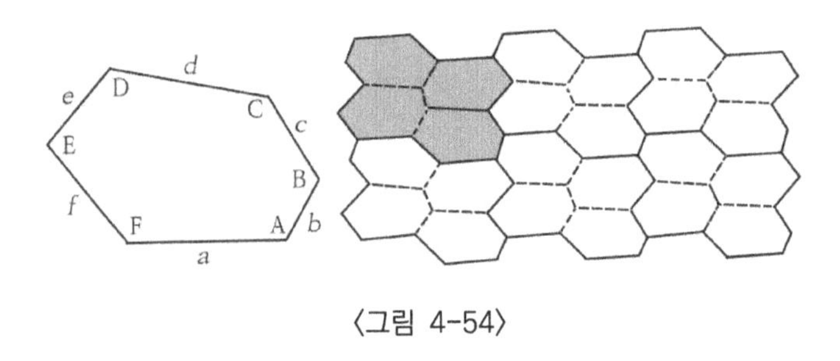

〈그림 4-54〉

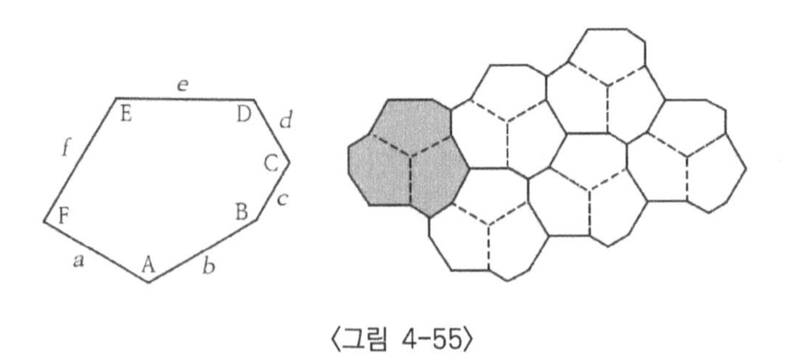

〈그림 4-55〉

凸육각형으로 평면을 채우는 것은 다음의 세 가지 타일밖에 없다고 알고 있다.

- 타일 1. A+B+C=360°, a=d
  (〈그림 4-53〉처럼)
- 타일 2. A+B+D=360°, a=d, c=e
  (〈그림 4-54〉처럼)
- 타일 3. A=C=E=120°, a=b, c=d, e=f
  (〈그림 4-55〉처럼)

46. 내기 돈의 분배

실력이 비슷한 A와 B 둘이서 어떤 게임을 했다. 그 게임에서 먼저 6회 이기는 자가 건 돈 전부를 갖기로 약속했다. 그런데 A가 4회, B가 3회 이겼을 때에 어떤 사정으로 시합을 중지해야 했다. 건 돈을 어떻게 분배하는 것이 공평할까?

답: A가 $\frac{11}{16}$, B가 $\frac{5}{16}$를 받는 것이 타당하다.

8회전 이후, 시합이 계속된다고 하고 A가 우승하는 것은

(1) 8회전, 9회전을 연속해서 이길 때

(2) 8회전, 9회전에 1승 1패를 하고 10회전에서 이겨 우승을 결정할 때

(3) 8회전, 9회전, 10회전을 A가 1승 2패를 하고 11회전에서 우승을 결정할 때

의 세 경우를 생각할 수 있다.

A와 B의 실력은 비슷하여 (1)의 경우에 확률은 $\left(\frac{1}{2}\right)^2=\frac{1}{4}$이다.

(2)의 경우에 두 가지 경우가 있으므로 확률은 $\left(\frac{1}{2}\right)^3\times 2=\frac{1}{4}$이다.

(3)의 경우에 세 가지 경우가 있으므로 확률은 $\left(\frac{1}{2}\right)^4\times 3=\frac{3}{16}$이다. 결국, A가 우승할 수 있는 확률은

$$\frac{1}{4}+\frac{1}{4}+\frac{3}{16}=\frac{11}{16}$$

따라서, B가 우승할 수 있는 확률은 $\frac{5}{16}$이다.

* * *

이것은 레오나르도 다빈치의 친구인 15세기 후반의 이탈리아의 수학자 파촐리(Pacioli, 1450?~1520)의 책에 나와 있는 것이지만 파촐리는 지금까지의 전적에 의해 4 : 3으로 나누는 것이 좋다고 생각했다. 정확한 해답을 주었던 것은 그로부터 150년 후에 파스칼과 페르마였다.

47. 계마(桂馬) 바꿔 넣기

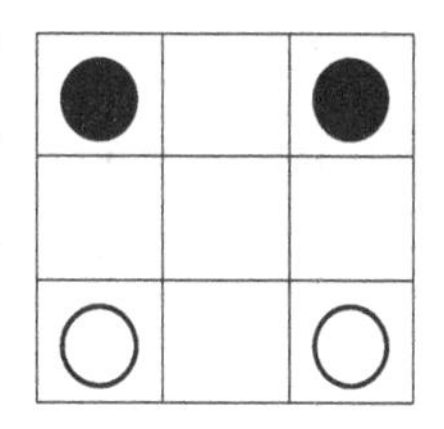

3행 3열인 칸의 네 모서리에 흰돌 2개와 검은돌 2개를 그림과 같이 놓아둔다. 빈 곳을 계마 비행으로 뛰어넘어서 검은돌과 흰돌을 교환한다. 계속해서 계마 비행을 할 경우에 몇 회를 뛰어넘어도 한 수로 생각하면 최소 몇 수로 교환될 수 있을까?

답: 다음과 같이 하면 7수로 할 수 있다.

1	4	7
6		2
3	8	5

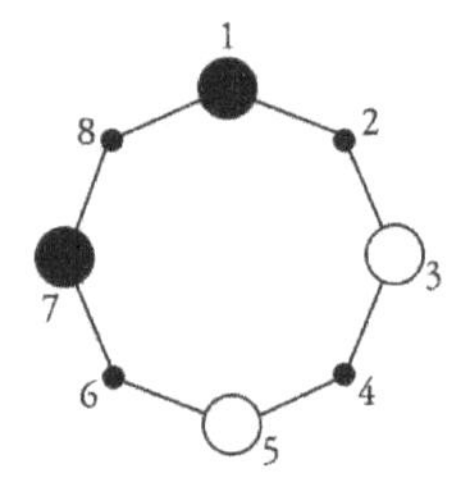

맨 가운데 칸에는 들어갈 수 없으므로 주위 8개의 칸에 오른쪽 그림과 같이 1에서 8까지의 번호를 붙인다.

돌의 이동은 오른쪽 그림과 같이 원형의 인접한 두 개의 번호밖에 될 수 없고, 놓여 있는 돌 위에 둘 수도 없고 돌을 건너뛸 수도 없다.

i 칸에 있는 돌을 j칸에 옮기는 것을 i→j로 쓰기로 하자. 또, i→j→k는 i→j에 이어서 j→k를 행하는 것을 의미한다. 그러면 백과 흑의 교환은 다음의 7수로 이루어진다.

1수 1→2

2수 7→8→1

3수 5→6→7→8

4수 3→4→5→6→7

5수 2→3→4→5

6수 1→2→3

7수 8→1

* * *

이 문제는 체스판 위의 문제로서 1512년 구아리니가 제기한 것으로 '구아리니의 문제'로 부른다.

48. 깨진 보석

어떤 상인이 40파운드의 보석을 갖고 있었지만 보석을 떨어뜨려서 네 조각으로 깨어져 버렸다.

보석의 각 조각은 어느 것이나 정수 파운드로 이 네 조각의 보석을 저울주 대신에 사용하면 1파운드에서 40파운드까지의 무게를 전부 저울로 잴 수 있다고 한다.

네 조각의 보석 무게는 각각 몇 파운드일까?

답: 1파운드, 3파운드, 9파운드, 27파운드

네 조각으로 깨졌을 때뿐만이 아니라 일반적인 경우로 생각해 보자. k의 조각으로 깨졌을 때 1파운드에서 n파운드까지 전부 잴 수 있다고 한다. 이때 k+1번째의 새 저울추의 무게를 2n+1파운드라고 한다면, 1파운드에서 3n+1파운드까지 전부 잴 수 있다.

왜냐하면, $0 \leq i \leq n$일 때 $n+1 \leq 2n+1-i \leq 2n+1$이므로 n+1파운드에서 2n+1파운드까지 잴 수가 있고, 한편 $2n+1 \leq 2n+1+i \leq 3n+1$이므로 2n+1파운드에서 3n+1파운드까지 잴 수 있기 때문이다.

저울추의 수가 1개일 때에는 그 추의 무게는 1파운드로, 1파운드까지 잴 수가 있다.

저울추의 수가 2개일 때에는 1파운드의 추 이외에 3파운드의 추를 새로 추가해서 4파운드까지 잴 수 있다.

저울추의 수가 3개일 때에는 새로 9파운드의 추를 추가하여 13파운드까지 잴 수 있다.

저울추의 수가 4개일 때에는, 1파운드, 3파운드, 9파운드의 추 이외에 새로 27파운드의 추를 더해서 40파운드까지 잴 수가 있다.

* * *

이 문제는 17세기 초기의 프랑스의 수학자 바쉐의 책에 나와 있다.

49. 주사위 눈의 합

3개의 주사위를 던졌을 때, 눈의 합이 9가 되는 것은 (1, 2, 6), (1, 3, 5), (1, 4, 4), (2, 2, 5), (2, 3, 4), (3, 3, 3)의 6가지가 있다. 마찬가지로 눈의 합이 10이 되는 것도 역시 (1, 3, 6), (1, 4, 5), (2, 2, 6), (2, 3, 5), (2, 4, 4), (3, 3, 4)의 6가지가 있다. 그런데 실제로는 합이 10이 되는 쪽이 합이 9가 될 때보다 자주 일어나는 것은 왜일까?

답: 눈의 합이 9가 되는 확률은 $\frac{25}{216}$, 눈의 합이 10이 되는 확률은 $\frac{27}{216}$이 되어 확실히 눈의 합이 10이 되는 쪽이 일어나기 쉽다.

A, B, C 세 주사위를 던지면 어느 주사위도 6가지의 눈이 나오므로 전체는 6^3=216가지의 눈이 나온다.

그런데 눈의 합이 9가 되는 (1, 4, 4)의 경우에는 주사위 A의 눈이 1이고, B와 C가 4인 경우와 B가 1이고 A와 C가 4인 경우, C가 1이고 A와 B가 4인 경우의 세 가지가 있다. 또 (1, 2, 6)의 경우에는 3!=6가지가 있다. 결국 눈의 합이 9가 되는 것은

6+6+3+3+6+1=25가지

의 경우가 있으므로 그 확률은 $\frac{25}{216}$가 된다.

한편, 눈의 합이 10이 되는 것은

6+6+3+6+3+3=27가지

의 경우가 있으므로 그 확률은 $\frac{27}{216}$이 된다.

* * *

이것은 갈릴레이(Galilei, 1564~1642)의 문제이지만, 그보다 먼저 카르다노(Cardano, 1501~1576)는 마찬가지의 문제를 생각해서 옳은 해답을 구했다. 카르다노는 3차 방정식 해법의 발견에 관련해서 타르탈리아(Tartaglia, 1500~1557)와 함께 잘 알려져 있다.

50. 세기의 대예상

5^{999999}을 7로 나누어서 나머지를 구하시오.

이것은 프랑스의 수학자 페르마(Fermat, 1601~1665)의 문제다. 페르마는 정수의 성질에 대해서 다음과 같은 중요한 예상을 하고 있었다. 이들 중 틀린 예상이 있다면 지적하라.

(1) p가 소수이면, 어떤 자연수 a에 대해서도 a^p-a는 p로 나누어진다.

(2) 임의의 자연수 n에 대해서 $2^{2^n}+1$은 소수이다.

(3) 3 이상의 자연수 n에 대해, $x^n+y^n=z^n$이 되는 자연수 x, y, z는 존재하지 않는다.

답: 7로 나눈 나머지는 6이다. ⑴은 옳고, ⑵는 옳지 않다.
단, ⑶은 미해결이다.

5^3=125를 7로 나누면 6이 남기 때문에 $5^3=7x-1$로 쓸 수 있다. 일반적으로 n이 홀수라면, z^n+1은 $z+1$로 나누어지므로

$$5^{999999}+1=(7x-1)^{333333}+1=7xy$$

로 된다. 따라서 5^{999999}를 7로 나누면 6이 남는다.

⑴은 '페르마의 소정리'라고 부르는 것으로 옳음을 알 수 있다.

⑵는 옳지 않다.

n=1일 때, $2^{2^1}+1=5$ (소수)

n=2일 때, $2^{2^2}+1=17$ (소수)

n=3일 때, $2^{2^3}+1=257$ (소수)

n=4일 때, $2^{2^4}+1=65537$ (소수)

로 되지만

n=5일 때 $2^{2^5}=641\times6700417$로 되는 것을 오일러가 발견해서 페르마의 예상이 옳지 않음을 지적했다. 이 $2^{2^n}+1$은 '페르마의 수'라고 부른다.

⑶은 '페르마의 대정리'라고 부르지만 현재까지 증명되고 있지 않다. n=3일 때는 오일러에 의해, n=4일 때는 페르마 자신이, n=5일 때에는 르장드르에 의해서 각각 해결되었다. 현재는 n이 4000일 때까지 해가 없다는 것을 알고 있다고 하니 놀라운 것이 아닐 수 없다.

51. 점과 선

9그루의 나무를 심는 데에 10방향의 어느 직선상에도 세 그루씩 나무를 나란히 심고 싶다. 어떻게 심으면 좋을까?

답: 그림처럼 심으면 된다.

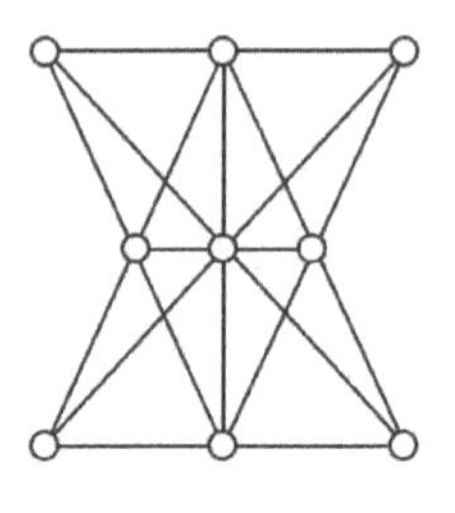

이 문제는 뉴턴(Newton, 1642~1727)이 만든 문제이다.

뉴턴은 만유인력의 법칙을 발견했고, 라이프니츠와 함께 미적분을 창시한 사람으로 알려져 있다.

1664년 케임브리지에 페스트가 발생하여 대학이 폐쇄되었다. 2년간 뉴턴은 고향에 돌아와서 연구에 전념했다. 사과가 떨어지는 것을 보고 만유인력의 법칙의 힌트를 얻었다고 하는 것도 이 시기였고, 달걀을 삶을 작정으로 시계를 삶았다는 에피소드도 이 시기의 일이었다.

뉴턴이 죽기 직전에 한 말은 대단히 의미가 깊다.

> '세상에서 나를 어떻게 보고 있는가는 모르지만, 나 자신으로서는 물가에서 놀고 있는 어린이에 지나지 않는다고 생각한다. 눈앞에는 진리의 대양이 연구되지 않은 채로 무한히 펴져 있는데 보통보다 색이 예쁜 돌과 조개껍질을 발견하고 좋아하는 어린이에 지나지 않는다고 생각한다'

52. 봉투에 잘못 넣기

어떤 사람이 5명의 친구에게 편지를 보내기로 했다. 내용을 적은 편지를 비서에게 부탁해서 받는 사람의 이름이 적힌 봉투에 넣어 받았지만 어느 편지도 맞는 봉투에 들어 있지 않았다.

이처럼 5통의 편지 중에 어느 편지도 맞는 봉투에 들어 있지 않는 조합은 몇 가지일까?

답: 44가지

A, B, C, …의 n명의 친구라 하고 그때의 잘못 넣은 전체의 수를 f(n)이라고 하자.

A씨 수신의 편지를 B씨 수신의 봉투에 넣을 때 다음 두 가지 경우를 생각할 수 있다.

(1) B씨 수신의 편지가 A씨 수신의 봉투에 넣어졌을 때

이때의 수는 A씨와 B씨를 제외한 n-2명의 봉투 잘못 넣기의 수가 되므로 그 수는 f(n-2)가지이다.

(2) B씨 수신의 편지가 A씨 이외의 봉투에 넣어졌을 때

이때는 A씨를 제외한 n-1명의 봉투 잘못 넣기의 문제에 해당하므로 그 수는 f(n-1)가지이다.

따라서 A씨 수신의 편지가 B씨 수신의 봉투에 넣어졌을 때의 총수는 f(n-2)+f(n-1)이므로

$$f(n)=(n-1)\{f(n-2)+f(n-1)\}$$

이다.

f(1)=0, f(2)=1이므로 위 식을 이용하면

f(3)=2, f(4)=9, f(5)=44가 된다.

일반적으로 n이 2 이상일 때

$$f(n)=n!\left\{\frac{1}{2!}-\frac{1}{3!}+\cdots\cdots+\frac{(-1)^n}{n!}\right\}$$

* * *

이 문제는 18세기 초기의 프랑스의 수학자 몬몰이 처음으로 연구하였다. 여기에 보인 해답은 스위스의 수학자 오일러(Euler, 1707~1783)에 의한 것이다.

53. 점, 선, 면

점과 선으로 연결된 평면 도형이 있다. 선의 양끝은 반드시 점으로 되어 있고, 또 선과 선이 교차하는 곳도 반드시 1개의 점이다. 또 선으로 둘러싸인 유한 부분을 면이라고 한다.

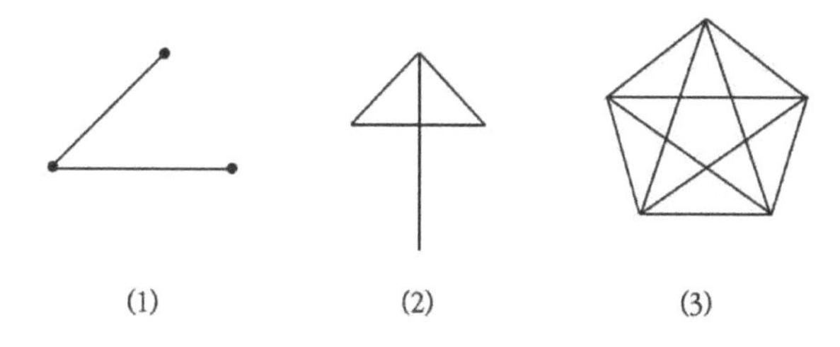

(1) (2) (3)

예를 들면 〈그림 (1)〉은 3개의 점과 두 개의 선으로 되어 있고 면은 없다. 〈그림 (2)〉는 5개의 점과 6개의 선, 2개의 면으로 되어 있다.

그러면, 평면 도형에 있어서 점의 수 t, 선의 수 s, 면의 수 m 사이의 관계를 구하시오.

	점t	점s	점m
(1)	3	2	0
(2)	5	6	2
(3)	10	20	11

답: $t-s+m=1$

한 점만으로 되는 가장 간단한 도형에서는 $t=1$, $s=0$, $m=0$이므로 $t-s+m=1$이 성립한다.

점의 수 t, 선의 수 s, 면의 수 m인 도형을 생각하자. 그 도형에서 하나의 선만을 지운다(끝의 점은 지우지 않는다). 이때 두 가지의 경우를 생각할 수 있다.

(1) 둘의 도형으로 나누어질 때

각각의 도형에서 점, 선, 면의 수를 t_1, s_1, m_1 및 t_2, s_2, m_2라고 한다. 이때

$$t_1-s_1+m_1=1, \qquad t_2-s_2+m_2=1$$

이 성립한다고 한다. 그런데

$$t=t_1+t_2, \qquad s=s_1+s_2+1, \qquad m=m_1+m_2$$

이므로, $t-s+m=1$이 성립된다.

(2) 둘의 도형으로 나누어지지 않을 때

선을 하나 지운 도형의 점, 선, 면의 수를 각각 t_1, s_1, m_1이라 하고 $t_1-s_1+m_1=1$이 성립한다고 한다. 그러면 $t=t_1$, $s=s_1+1$, $m=m_1+1$이므로 확실히 $t-s+m=1$이 성립된다.

* * *

평면 도형이 아닌 공간 도형(다면체)을 생각하면 $t-s+m=2$가 성립한다. 이것은 고무로 된 다면체의 한 면을 자르면 평면 도형이 된다. 그 평면 도형을 둘러싸고 있는 바깥 부분이 다면체의 잘려진 면에 대응하고 있음을 알 수 있다.

평면 도형 및 공간 도형에 대하여 점, 선, 면의 관계식은 '오일러의 정리'로 불리고 있다.

54. 순환소수

$\frac{1}{74}$을 아래와 같이 나눗셈을 하여 소수점 이하 7자리까지 구했다. 이 이하를 계산하시오.

```
        0. 0 1 4 0 8 4 5
7 1)  1. 0 0 0 0 0 0 0
           7 1
           2 9 0
           2 8 4
               6 0 0
               5 6 8
                 3 2 0
                 2 8 4
                   3 6 0
                   3 5 5
                       5
```

답: 다음과 같이 계산한다.

$\frac{1}{71} = 0.0140845 + \frac{5}{71} \times \frac{1}{10^7}$ 이지만 $\frac{5}{71}$는 $\frac{10}{71} \div 2$로 계산할 수 있으므로 소수점 8자리 이후는 140845……를 2로 나눈 값으로 무한히 계산이 계속된다.

$$\frac{1}{71} = 0.01408450704225352112676056338028169014084 50704\cdots$$

* * *

이것은 독일의 수학자인 가우스(Gauss, 1777~1885)가 소년 시절에 소수의 역수표를 만들기 위해서 이용한 것이다.

가우스는 9세경에 1에서 40까지의 정수의 합을 계산하는 문제를 냈는데 즉시 820이라고 대답했다고 한다. 가우스는 1에서 40까지의 정수를 어느 쌍이든 합이 41이 되는 20쌍으로 나누어

$$\begin{cases}1\\40\end{cases} \begin{cases}2\\39\end{cases} \begin{cases}3\\28\end{cases} \cdots\cdots \begin{cases}19\\20\end{cases} \begin{cases}20\\21\end{cases}$$

41×20=820으로 계산했다.

15, 16세경에 소수의 분포에 대해서 바른 예측을 얻어서, 19세기에 꽃을 피운 해석적 정수론의 기회를 만들었다. 또, 19세 때는 정17각형의 작도를 생각함과 동시에 컴퍼스와 자만으로 정n각형을 작도할 수 있는 것은 n이 소수로 되는 페르마 수 $2^{2^n}+1$(〈문제 50〉 참조)과 같을 때라는 결과도 얻었다.

그 외에 대수학의 기본 정리의 증명과 오차론, 확률론, 비유클리드 기하학의 발견 등의 수학적인 업적 외에 천문학, 전자기학에의 공헌 등 많은 업적이 있다.

55. 편지의 날짜

노르웨이의 수학자인 아벨(Abel, 1802~1829)이 중학교 때의 수학 선생님에게 보낸 편지의 날짜가

$$\sqrt[3]{6064321219}$$

로 되어 있다. 이것은 서기 몇년 몇월 며칠일까?

답: 1823년 8월 4일

$\sqrt[3]{6064321219}$ =1823.5908…년

으로 되지만 소수점 이하는

365×0.5908…=215.64…일

이다. 1823년은 평년이므로 7월 31일까지는 212일이 된다. 따라서 8월 4일이라는 날이 된다.

* * *

3차 방정식과 4차 방정식의 해법은 이미 16세기 중반에 해결되었다. 따라서 많은 수학자가 5차 이상의 방정식 해법에 도전했지만 누구도 성공하지 못했다. 그런데 약 300년이 지나서 젊은 수학자 아벨이 5차 이상의 방정식은 대수적으로 풀 수가 없다는 것을 증명한 것이다. 아벨은 이외에도 타원함수 등에 대해서 뛰어난 업적이 있지만 빈곤과 병마로 고생해서 26세의 젊은 나이에 죽었다. 사후 이틀이 지난 후에 베를린대학에서 초빙한다는 요지의 편지가 도착했다.

아벨 이상으로 불행한 수학자는 갈루아(Galois, 1811~1832)이다. 방정식이 해석적으로 풀리는 조건을 군(群)의 생각으로부터 명확히 규정하여 현대 대수의 출발점이 되었다. 그러나 갈루아는 학교를 그만두고, 정치 활동에 참가하여 투옥되었다가 20세의 젊은 나이에 결투에서 쓰러졌다.

56. 여학생의 산책

어떤 기숙사에 15인의 여학생이 있었다. 매일 3인씩 1조의 쌍을 만들어서 산보를 나갔다. 1주 7일간 매일 멤버를 바꾸도록(두 사람이 두 번씩 같은 쌍에 들어가는 일은 없다) 조합을 만들어라.

영국의 아마추어 수학자인 카쿠만이 1850년 제출한 것으로 '카쿠만의 문제'라고 부른다.

답: 다음과 같이 한다.

15인의 여학생을 x, a, a′, b, b′, c, c′, d, d′, e, e′, f, f′, g, g′로 하자. 이들을 정14각형의 중심과 정점에 대응시킨다. 즉, 중심에 x를 대응시키고 14개의 정점에 a, b, c, d, e, f, g, a′, b′, c′, d′, e', f′, g′를 대응시킨다.

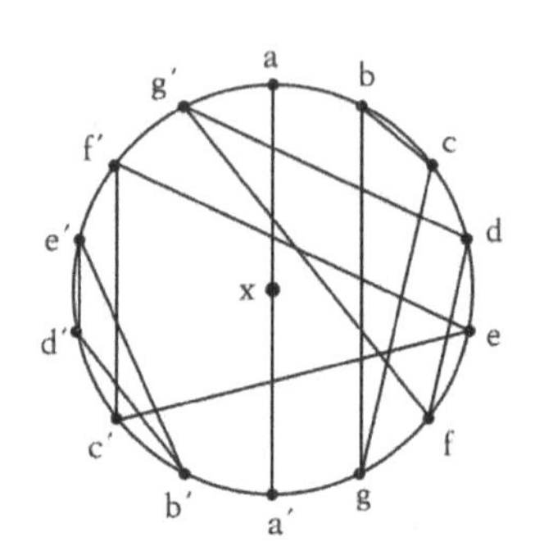

그럼 최초의 날짜인 일요일에는

$x$aa′, bcg, dfg′, ec′f′, b′d′e′

의 5쌍으로 산보를 나간다. 이들을 정14각형 위에 나타내면 위 그림과 같이 된다.

이 도형을 중심의 주위에 $\frac{1}{7}$원주씩 회전시키면 월요일 이후의 조합을 만들 수 있다.

		일	월	화	수	목	금	토
쌍	1	$x$aa′	$x$cc′	$x$ee′	$x$gg′	$x$bb′	$x$dd′	$x$ff′
	2	bcg	deb′	fgd′	a′b′f′	ac′d′	ce′f′	aeg′
	3	dfg′	bfa′	da′c′	fc′e′	a′e′g′	bc′g′	bde′
	4	ec′f′	age′	cb′g′	bed′	dgf′	afb′	ca′d′
	5	b′d′e′	d′f′g′	abf′	acd	cef	ega′	gb′c′

57. 퀸의 배치

체스에서의 퀸은 일본 장기에서의 비차(飛車)와 각(角)의 양쪽을 합친 효능이 있는 줄을 가지고 있다(즉, 종횡과 경사진 네 방향으로 자유롭게 움직일 수 있다).

그럼 8행 8열의 체스판 위에 8개의 퀸을 두고 서로의 줄에는 어느 퀸도 오지 않도록 배치하고 싶다.

회전, 뒤집음에 의해서 동일한 배치가 되는 것을 동종(同種)이라고 생각할 때 몇 가지의 배치를 할 수 있을까?

1850년 나위크가 제출한 문제로서 '에이트 퀸(Eight Queen) 문제'라고 부른다.

답: 12종류 92가지

밑의 배치는 조건에 맞는다. 이를 2 5 7 4 1 8 6 3으로 나타낸다.

1 5 8 6 3 7 2 4, 1 6 8 3 7 4 2 5

2 4 6 8 3 1 7 5, 2 5 7 1 3 8 6 4

2 6 1 7 4 8 3 5, 2 6 8 3 1 4 7 5

2 7 3 6 8 5 1 4, 2 7 5 8 1 4 6 3

3 5 2 8 1 7 4 6, 3 5 8 4 7 1 2 6

3 6 2 5 8 1 7 4

의 11종류가 있으므로 전체적으로 12종류의 답이 있다.

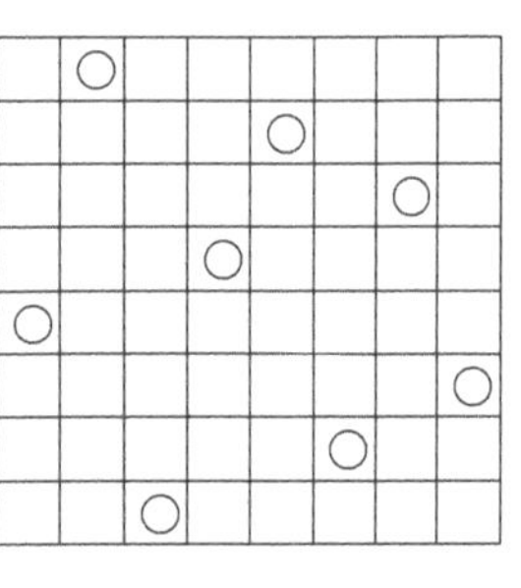

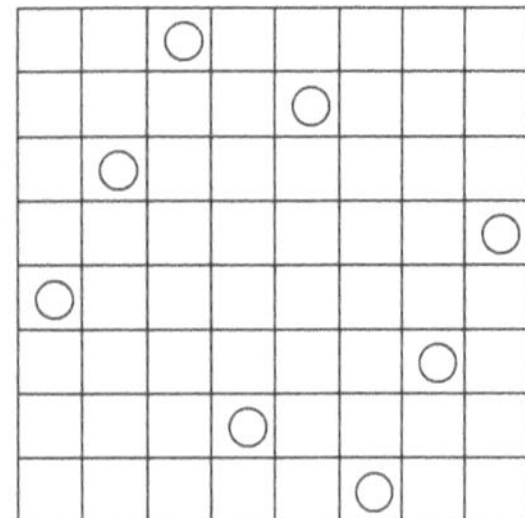

이들 중 끝에서 세 번째 것을 표시하면 오른쪽 그림과 같이 된다. 이 그림은 원점에 대칭이므로 회전, 뒤집음에 의해서 4개의 다른 배치가 된다. 이 이외의 것은 회전, 뒤집음으로부터 8개의 다른 배치가 되므로 전체로서는 11×8+4=92가지의 배치가 가능하다고 할 수 있다.

58. 4색 문제

1852년 런던대학 교수인 드모르간(De Morgan, 1806~1871)의 연구실에 한 학생인 가스리가 '형으로부터 들은 문제이지만'이라고 미리 양해를 구하고 "선에 접하는 나라를 다른 색으로 칠하면 필요한 색의 최대수는 4라는 것을 어떻게 해서 증명하면 좋은가?" 하는 질문을 했다. 이것이 4색 문제의 기원이다.

이 문제가 유명하게 된 것은 1878년 런던 수학회의 모임에서 케일리(Cayley, 1821~1895)가 미해결인 문제로 재제출한 이후이다.

이 문제는 오랫동안 미해결이었지만 100년 후인 1976년에 미국의 수학자인 앗페루와 하켄이 계산기를 총 1200시간 동안 사용해서 겨우 해결했다.

그림은 1975년 『사이언티픽 아메리칸(Scientific American)』의 4월호에 가드너가 '4월 바보'의 난에 '4색 문제의 반례'로 취급된 것이다. 물론 반례는 아니고 실제로 4가지 색으로 칠해지므로 해보기 바란다.

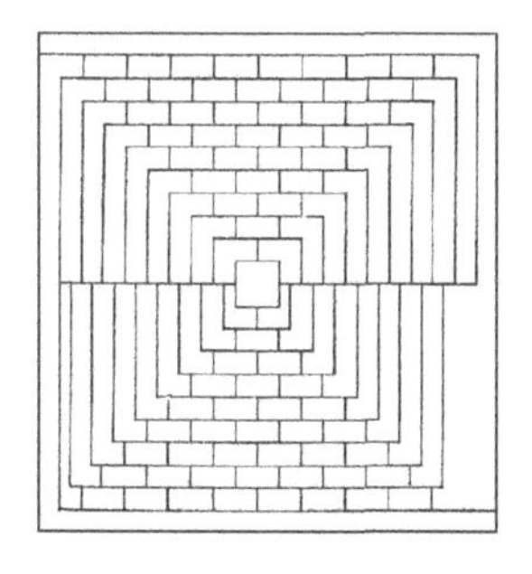

답: 아래 그림과 같이 칠하면 된다.

물론 이외에도 여러 가지의 칠하는 방법이 있다.

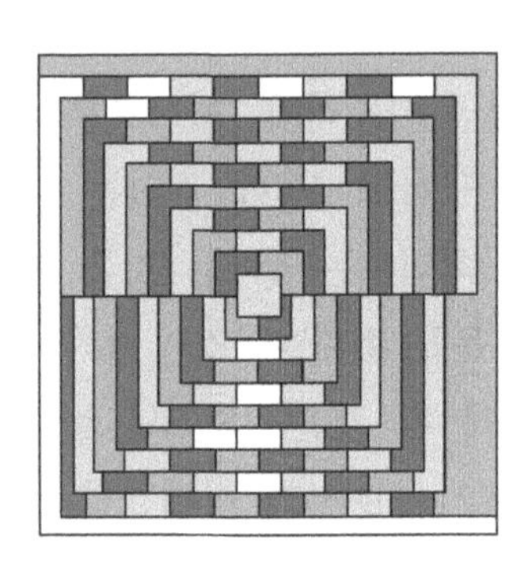

* * *

평면 도형에서는 5가지 색으로 필요한 지도는 만들지 못하지만, 예를 들면 튜브의 표면상에는 7색이 필요하다. 〈그림 1〉과 같은 직사각형을 7색으로 나누어서 칠했다. 이를 원기둥으로 둥글게 해서 상하를 붙였다(그림 2). 이 원기둥을 활처럼 굽혀서 양끝을 붙여서 튜브를 만들면 어느 나라든 다른 6개국과 인접하게 되므로 7색이 필요하게 된다.

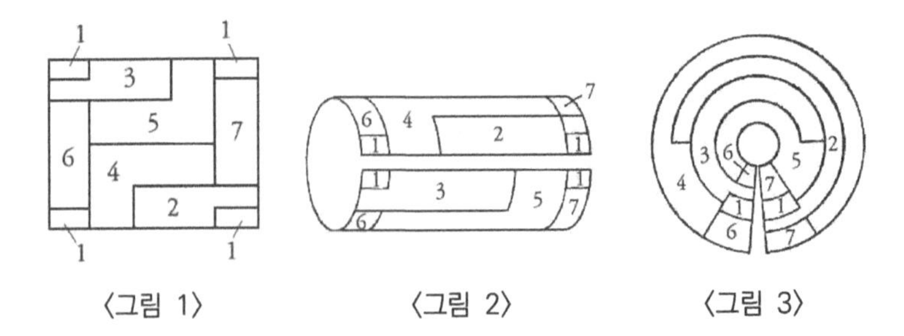

〈그림 1〉 〈그림 2〉 〈그림 3〉

59. 순례 여행

합동인 12개의 정오각형으로 정12면체가 되었다. 그 20개의 정점에 매표소가 있고, 매표소와 매표소를 연결하는 길은 전부 30개가 있다.

20개 전부의 매표소를 순회하는 데 도중에 같은 매표소에 들르는 일이 없도록 해서 출발점의 매표소에 다시 돌아왔다.

역순으로 순회해도 또, 어느 매표소에서 출발해도 통과하는 길이 같다고 생각할 때 길의 선택 방법은 몇 가지가 있을까?

답: 30가지

문제의 조건에 맞는 순례로가 있다고 한다면 20개의 정점을 1회씩 통과하는 것이기 때문에 정오각형을 6개 연결해서 만들어진 20각형이 있다. 출발점의 정오각형에 1로 번호를 붙이고 이하는 2, 3, 4, 5, 6으로 번호를 붙인다.

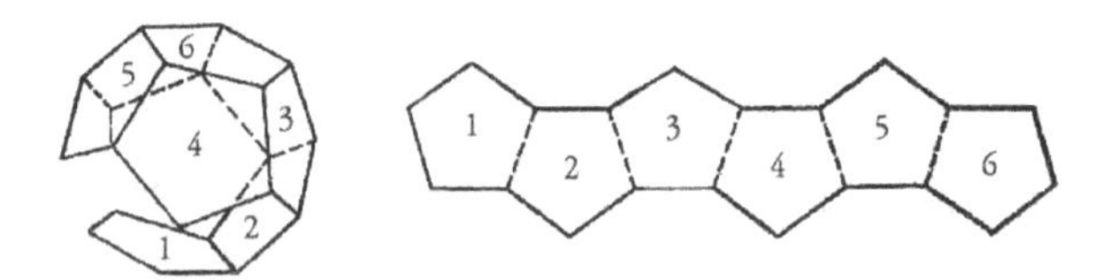

처음의 정오각형을 택하는 방법은 12개의 면의 어느 것을 택해도 좋기 때문에 12가지가 있다. 2번째의 정오각형은 1에서 접한 5개의 정오각형 중에 어느 것이나 좋으므로 5가지가 있다. 3번째의 정오각형을 택하는 방법은 2에 접하고 1에는 접하지 않는 정오각형이 있으면 좋으므로 2가지가 있다. 4번째의 정오각형을 택하는 방법은 단 하나로 정해져 있다(왜냐하면 4로서 1과 평행한 면을 택하는 것도 생각할 수 있으나 5를 어떻게 택해도 6번째의 정오각형을 택할 수 없기 때문이다). 다음의 5와 6은 한 가지로 정해져 있으므로 12×5×2=120가지의 방법이 있다. 그러나 6번째를 택하는 방법을 처음에 택해도 같은 순례로가 되고 이번에 선택하지 않은 6개의 정오각형을 선택해도 같은 순례로가 된다. 따라서 위의 120을 2×2로 나눈 수인 30이 구하는 해답이 된다.

* * *

이 문제는 사원수의 창시자로서 유명한 영국의 수학자 해밀턴(Hamilton, 1805~1865)이 1857년 고안했던 것으로 '해밀턴의 주유(周遊) 문제'로 불리고 있다.

60. 4개의 9

1859년 휘엘 박사가 수학 교육의 권위자인 드모르간에게 다음과 같은 편지를 보냈다.

> '1에서 15까지의 수를 4개의 9로써 나타낼 수가 있다. 예를 들면 2=9÷9+9÷9와 같이 말이다. 이런 것이 의미가 있는 것일까요?'

이것에 대해 드모르간은 '16 이상의 수도 시도해 볼 가치가 있겠지요. 특히 교육상 커다란 의미가 있겠지요'라는 답장을 보냈다.

4개의 9와 가, 감, 승, 제, $\sqrt{\ }$ 등의 기호를 사용하여 0에서 15까지를 나타내 보라.

답: 이것은 해답의 일례이다.

0=99-99	1=99÷99
2=99÷9-9	3=(9+9+9)÷9
4=9÷9+9÷ $\sqrt{9}$	5=(9+9)÷9+ $\sqrt{9}$
6=9-9+9- $\sqrt{9}$	7=9-(9+9)÷9
8=(9×9-9)÷9	9=9+(9-9)×9
10=(99-9)÷9	11=9+(9+9)÷9
12=(99+9)÷9	13=9+9÷9+ $\sqrt{9}$
14=99÷9+ $\sqrt{9}$	15=9+9-9÷ $\sqrt{9}$

이것 이상의 수를 만드는 데에는 0.9를 나타내는 기법 .9와 1=0.999…를 나타내는 $.\dot{9}$라는 기법도 사용한다. 게다가 계승기호 !도 사용하면 더 많은 수를 나타낼 수가 있다. 예를 들면

$$49=9\times\sqrt{9}!-\sqrt{9}!\div.\dot{9}$$

$$67=\sqrt{9+9!\div 9\div 9}$$

등이다.

1881년 어떤 잡지에 발표된 '4개의 4'가 유명하다. 일반적으로 a를 1에서 9까지의 임의의 숫자로 했을 때 '4개의 a'의 문제를 생각할 수 있다. 기호로서 대수기호를 사용할 수 있다고 한다면

$$\log_{\log_a \sqrt{a}} \log_a \sqrt{\sqrt{\cdots\cdots \sqrt{a}}} = \log\left(\frac{1}{2}\right)^n = n$$

이다. 여기에서 $\sqrt{\sqrt{\cdots\cdots \sqrt{a}}}$ 라는 것은 루트를 n회 연속하는 것을 나타내고 있다. a가 1인 경우는 a에 1을 대입한다.

5장

현대의 퍼즐—재단

▣ 재단에 대해

현대 퍼즐의 출발점이 언제부터가 좋은지 망설였지만 샘 로이드가 '15퍼즐'을 고안한 1878년 이후로 했다. 현대 퍼즐의 시작을 로이드와 듀도니로 하는 데 이의가 없을 것이다.

로이드는 1841년 미국 필라델피아에서 태어나서 1911년 사망할 때까지 수많은 퍼즐을 고안했다. 한편 듀도니는 영국의 메이필드에서 태어났고, 1930년 사망할 때까지 대단히 많은 퍼즐을 만드는 한편 해결도 했다.

로이드와 듀도니에게 공통된 것은 9세경에 퍼즐을 고안했고 어릴 때부터 퍼즐에 뛰어났다는 점이다. 또 서양장기에 대단히 뛰어난 사람들이었다. 더욱이 두 사람 모두 대학 교육은 받지 않고 독학으로 퍼즐을 연구한 것도 매우 비슷하다.

로이드는 장사 기술이 뛰어나서 '트릭 동키', '지구 추방 퍼즐', '15퍼즐', '포니 퍼즐' 등을 고안해서 판매하여 많은 돈을 벌었다. 그러나 로이드는 생전에 정리한 책을 쓰지 않았다. 이에 반해서 듀도니는 현재 퍼즐의 원점이 되는 저서를 몇 권 발행하고, 로이드에게는 부족한 수학적 고찰도 충분히 하였다.

그런 의미에서 로이드는 퍼즐의 고안가이고, 듀도니는 퍼즐의 연구가라고 말할 수 있다. 로이드가 고안한 퍼즐을 듀도니가 해결한 예는 대단히 많다. 그와 같은 예를 재단(마름질판) 문제 속에서 찾아보기로 하자.

로이드는 다음과 같은 문제를 제출했다.

〈그림 5-1〉

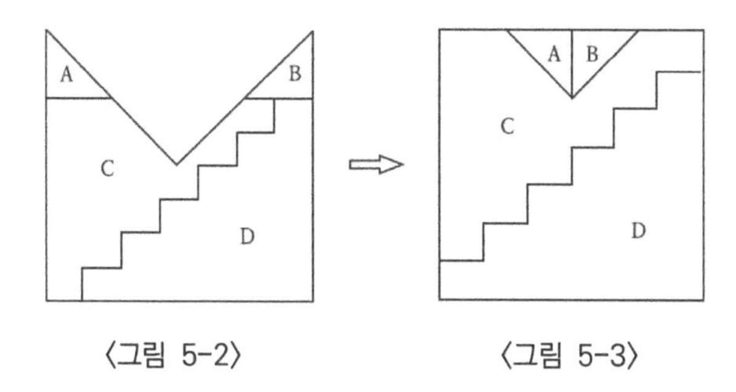

〈그림 5-2〉 〈그림 5-3〉

'정사각형으로부터 대각선에 의해서 $\frac{1}{4}$ 부분을 잘라서 얻은 도형(그림 5-1)을 될 수 있는 한 적게 분할해서 정사각형으로 고치고 싶다'고 하는 내용이다.

로이드 자신이 준비한 해답은 〈그림 5-2〉와 같이 4개 부분으로 나누어서 그들을 〈그림 5-3〉과 같이 고쳐서 정사각형을 만들면 되는 것이다.

이에 대해서 듀도니는 이와 같은 분할 방법으로 정사각형을 만드는 것은 불가능하다고 지적했다. 작은 삼각형 A와 B로 계곡을 메우면 직사각형은 될 수 있다. 그러나 직사각형을 계단 모양으로 잘라서 정사각형으로 고치는 것은 변의 비가 특별한 비율일 때에 한해서이며, 이 문제와 같이 변의 비가 3 : 4일 때는 되지 않는다는 것이 듀도니의 주장이다.

이탈리아에서 파견된 그리스도교의 선교사 마테오 리치(Matteo Ricci)에게 수학을 배운 서광계(徐光啓)의 저서 『측량전의(測量全義)』(1631)의 내용 중에 세로가 1척 6촌, 가로가 2척 5촌의 직사각형을 〈그림 5-4〉와 같이 잘라서 〈그림 5-5〉와 같은 정사각형으로 고치는 문제가 나와 있다. 이 경우는 그림에서 보는 것처

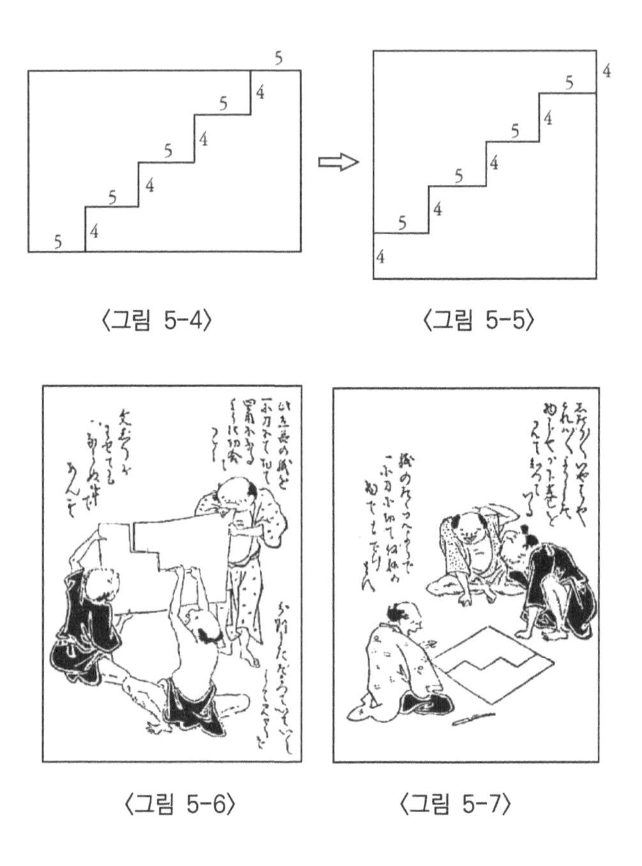

〈그림 5-4〉 〈그림 5-5〉

〈그림 5-6〉 〈그림 5-7〉

럼 확실히 정확하게 할 수 있다.

삽화(〈그림 5-6〉, 〈그림 5-7〉)는 에도 시대의 환중선(還中仙)의 『화국지혜교(和國智惠較)』(1727)에 나온 그림이지만, 세로와 가로의 길이의 비율이 명확하지 않으므로 바른 정사각형이 만들어졌는지는 불분명하다.

그럼, 어떤 직사각형이 있다면 이와 같은 계단 모양으로 나누어서 정사각형으로 고칠 수 있을까? 이를 최초로 검토한 사람은 듀도니이다.

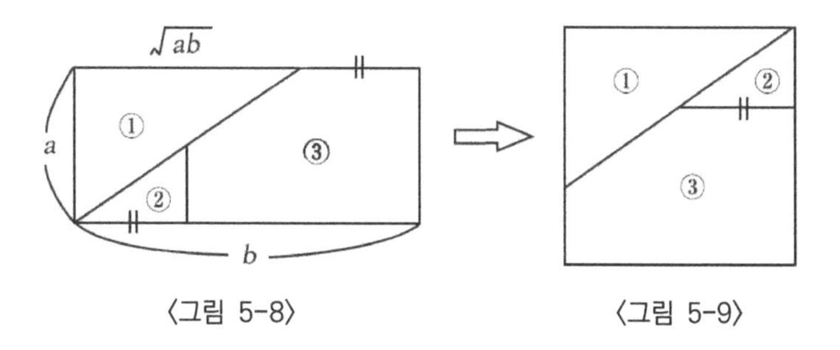

〈그림 5-8〉 〈그림 5-9〉

세로 a㎝, 가로 b㎝의 직사각형을 세로를 n등분하고 가로를 n+1등분해서 계단 모양으로 잘라 1단을 움직여 정사각형이 되었다고 하자. 그러면 세로는 $a+\frac{a}{n}$이고, 가로는 $b-\frac{b}{n+1}$가 되기 때문에 $a+\frac{a}{n}=b-\frac{b}{n+1}$가 성립한다. 따라서

$$\frac{a}{b}=\frac{n^2}{(n+1)^2}$$

이 된다.

즉, 세로 대 가로의 비가 연속인 정수의 제곱의 비일 때 계단 모양으로 잘라서 정사각형을 만들 수 있다. 그러므로 로이드가 제안한 도형에서는 A와 B를 메꾸어서 될 수 있는 직사각형의 두 변의 비는 3 : 4이기 때문에 불가능하다. 한편 서광계의 문제에서 직사각형의 비는 $4^2:5^2$이기 때문에 분명히 가능하다.

그러면 두 변의 비가 연속인 정수의 제곱의 비가 되지 않는 직사각형을 정사각형으로 하는 것은 불가능한가? 그것은 항상 가능하다.

세로의 길이가 a, 가로의 길이가 b로서 a<b일 때 〈그림

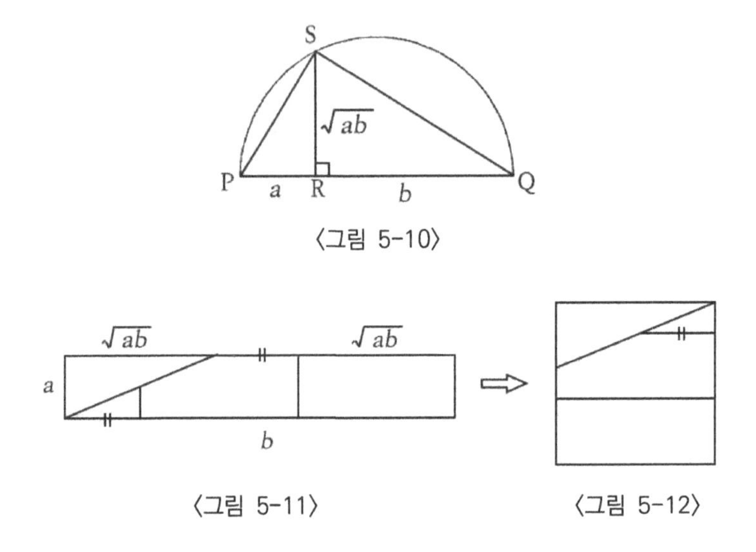

〈그림 5-10〉

〈그림 5-11〉 〈그림 5-12〉

5-8〉과 같이 3개의 부분으로 잘라서, 사선을 따라 ①을 밀어 올리고 ②를 위에 가지고 가면 〈그림 5-9〉와 같은 정사각형이 된다.

그런데 a와 b가 주어졌을 때 $\sqrt{ab}$를 만드는 것은 다음과 같이 한다. PQ=a+b를 직경으로 하는 반원을 그리고 PR=a가 되는 PQ상의 점R로부터 PQ에 수선을 세워서 반원과의 교점을 S라고 하면 SR=$\sqrt{ab}$가 된다.

〈그림 5-8〉에서 가로의 변에서 $\sqrt{ab}$를 자른 나머지가 $\sqrt{ab}$보다 클 때는 잘되지 않는다. 이 경우는 오른쪽 끝에서 세로 a, 가로 $\sqrt{ab}$의 직사각형을 잘라서 얻고, 나머지가 $2\sqrt{ab}$보다 짧게 된 경우에 위의 절단법을 사용하면 된다(〈그림 5-11〉, 〈그림 5-12〉).

따라서

$$n^2a < b \leq (n+1)^2a$$

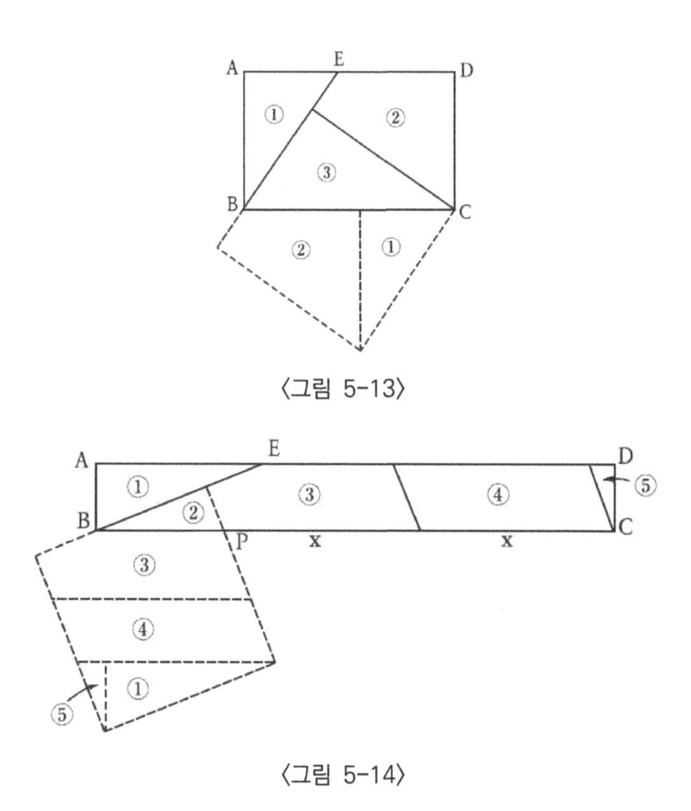

〈그림 5-13〉

〈그림 5-14〉

일 때 n+2개의 부분으로 나누는 것으로부터 정사각형을 만들 수가 있다.

직사각형을 정사각형으로 고치는 다른 방법이 있다. 직사각형 ABCD에서 AB=a, BC=b($a<b$)라고 하자. BE=$\sqrt{ab}$로 되는 점 E를 AD 위에 찍고, 점 C로부터 BE에 수선을 내림으로써 직사각형을 〈그림 5-13〉과 같이 3개로 분할하여 ②를 BE에 따라서 움직이고, ①을 반대쪽으로 옮기면 정사각형이 된다.

이런 방법으로 할 수 있는 것은

$$a<b\leq 2a$$

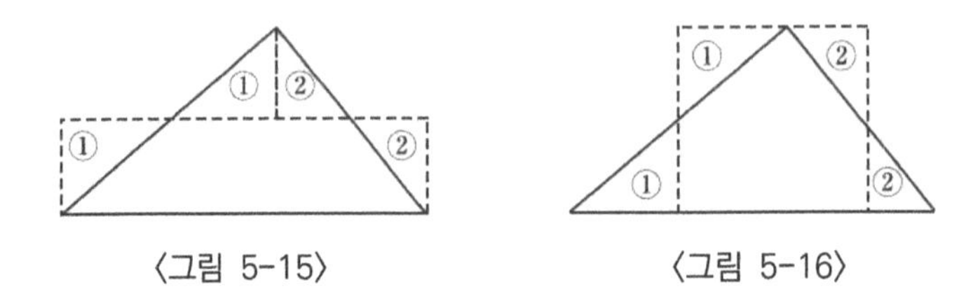

〈그림 5-15〉 〈그림 5-16〉

일 때이고, 2a<b일 때는 BE에서 삼각형 ①을 잘라서 얻을 때까지 동일하고 점 C 쪽에서

$$x = \frac{ab}{\sqrt{ab - a^2}}$$

를 얻으므로 (n회) PC=nx로 하자. 다음은 마찬가지로 점P에서 BE로 수선을 내리고 움직이면 정사각형이 된다(그림 5-14).

이것으로 임의의 직사각형을 마름질해서 정사각형으로 고칠 수 있음을 알았다. 이번은 삼각형에 대하여 생각해 보자. 그러기 위해서 삼각형을 우선 직사각형으로 고치자(〈그림 5-15〉, 〈그림 5-16〉). 가장 긴 변을 수평으로 움직이면 언제라도 직사각형으로 고친다. 이 직사각형은 정사각형으로 되기 때문에 임의의 삼각형을 정사각형으로 고칠 수가 있음을 알았다.

그러면 임의의 다각형도 가능할까? 다각형은 몇 개의 삼각형으로 분할된다. 더욱이 이 삼각형은 모두 정사각형으로 고칠 수 있다. 따라서 이들의 정사각형을 합쳐서 하나의 정사각형으로 고치면 된다. 그런데 두 개의 정사각형이라면 그들이 면적의 합과 하나의 커다란 정사각형의 면적을 같게 고치는 일은 세제곱의 정리(피타고라스의 정리)를 증명할 때 이용되는 수법을 사용하면 된다(그림 5-17). 두 개의 정사각형이 하나의 정사각형으로 고쳐지면 몇 개의 정사각형이라도 하나의 정사각형으로

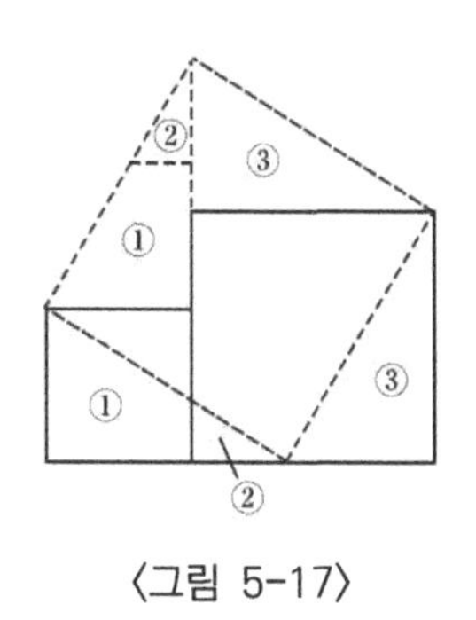

〈그림 5-17〉

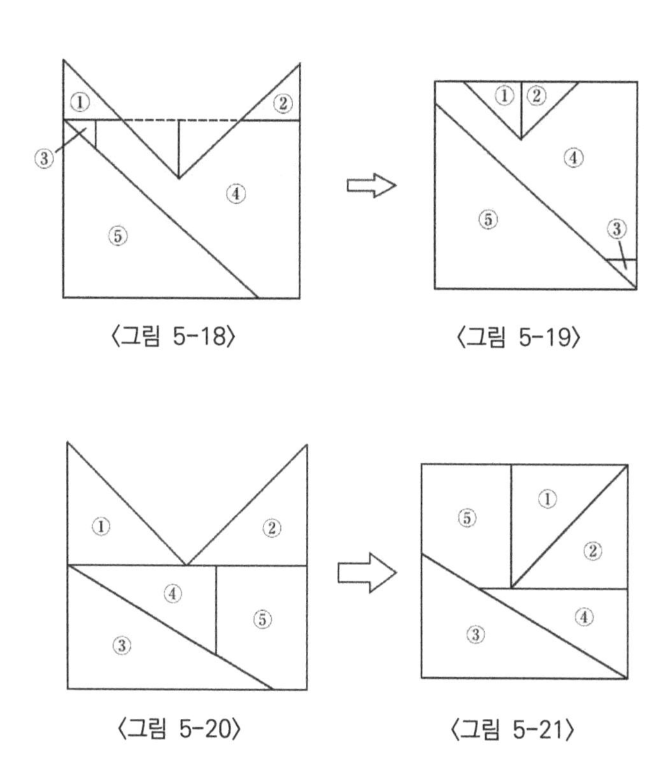

〈그림 5-18〉

〈그림 5-19〉

〈그림 5-20〉

〈그림 5-21〉

고칠 수가 있다. 따라서 임의의 다각형을 그것과 면적이 동일한 한 개의 정사각형으로 고칠 수 있다. 이것은 독일의 수학자 힐베르트(Hilbert, 1862~1943)가 증명한 내용이다.

이상에서 어떤 다각형도 같은 면적을 갖는 정사각형으로 고칠 수 있음을 알았기 때문에 이번에는 될 수 있는 한 마름질을 적게 하고 싶은 것에 흥미를 갖게 되었다.

최초로 로이드의 문제로부터 생각하자. 〈그림 5-18〉처럼 ①, ②를 메우고 세로 : 가로가 3 : 4인 직사각형을 만든다. 이 직사각형을 ③, ④, ⑤로 잘라서 〈그림 5-19〉와 같이 정사각형으로 고친다. 3 : 4의 직사각형을 〈그림 5-13〉처럼 잘라서 정사각형으로 고치는 방법도 있다. 듀도니는 〈그림 5-20〉처럼 잘라서 〈그림 5-21〉처럼 정사각형으로 고치는 방법을 발견했다.

다음으로 정삼각형을 정사각형으로 고치는 문제를 생각해 보자. 한 변의 길이가 a인 정삼각형 ABC와 같은 면적의 정사각형의 한 변을 x라고 하면, $x^2 = \frac{\sqrt{3}a^2}{4}$이 된다. 그래서 AB의 중점 M에서 MP=$x$가 되는 점P를 BC상에서 얻는다. 계속해서 PQ=a/2가 되는 점Q를 BP상에서 얻는다. AC의 중점 N 및 Q에서 MP에 수선을 그으면 △ABC는 〈그림 5-22〉처럼 ①, ②, ③, ④로 분할된다. 그들을 합하면 〈그림 5-23〉처럼 정사각형이 만들어진다.

①과 ②의 부분을 연결해서, ②를 N 주위로 회전시켜 C를 A의 부분으로 가져간다(〈그림 5-22〉의 ①, ②를 〈그림 5-23〉의 위치로 옮긴다). 마찬가지로 ②와 ③의 P 부분을 연결하고, ③과 ④의 Q 부분을 연결한다. 그러면 각 연결점의 부분을 회전시켜서 정삼각형은 정사각형으로 만들고, 역으로 정사각형은 정삼

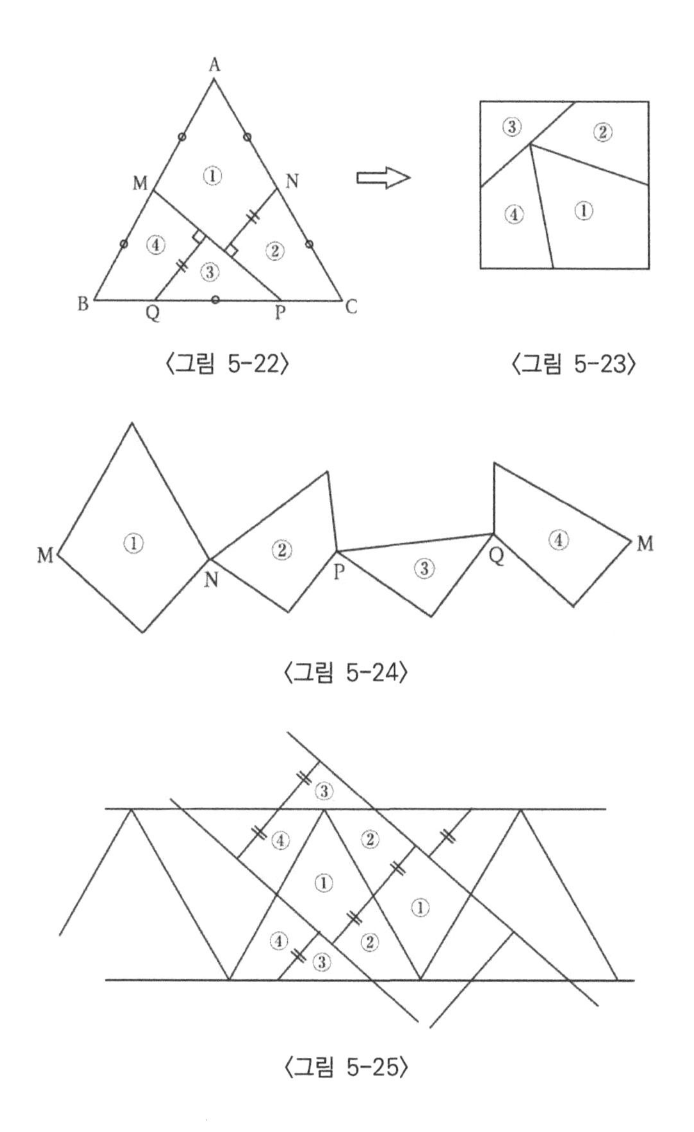

〈그림 5-22〉 〈그림 5-23〉

〈그림 5-24〉

〈그림 5-25〉

각형으로 만들 수 있다(그림 5-24).

이것은 정삼각형에서 평면을 메운 것을 이 정삼각형과 같은 면적을 갖는 정사각형을 연결한 띠로 〈그림 5-25〉처럼 잘라서

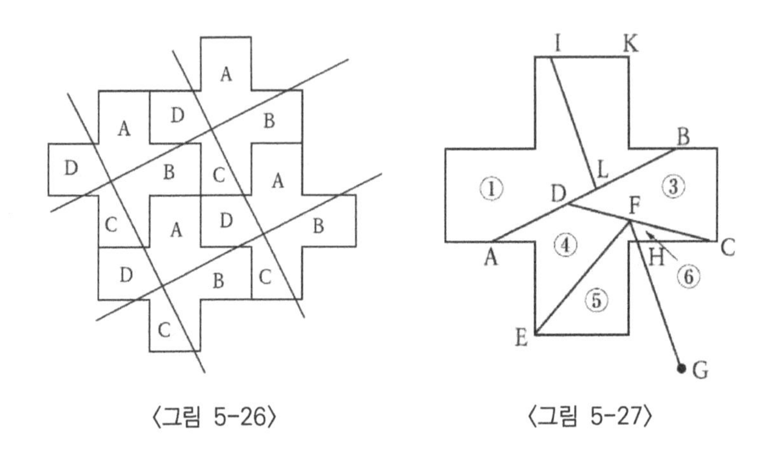

〈그림 5-26〉 〈그림 5-27〉

얻은 것을 볼 수 있다.

1장의 8번에서 설명한 그리스 십자도 십자의 반복도형으로 평면을 메운 것을 이것과 같은 면적의 정사각형의 띠로서 〈그림 5-26〉과 같이 잘라서 얻은 것으로 생각할 수 있다.

이와 같이 반복한 도형을 띠로 잘라서 얻는 수법은 오스트리아의 린드그렌이 생각한 방법이다. 린드그렌의 뛰어남을 보이기 위해서 그리스 십자를 절단해서 하나의 정삼각형으로 고치는 문제를 생각해 보자. 이것은 최초로 듀도니가 제출한 문제이지만 듀도니는 〈그림 5-27〉과 같이 절단해서 〈그림 5-28〉과 같은 정삼각형을 만들었다. 듀도니는 이 절단에 대해서 다음과 같이 설명했다.

'A와 B를 가로대의 측면의 중앙에 있는 점을 연결해서 우선 AB를 긋는다. 다음에 삼각형의 한 변의 1/2 길이가 되도록 CD와 EF를 그린다. 그리고 정삼각형 EFG를 만들고 GF와 십자형의 변과 만나는 점을 H라고 하자. 마지막으로 IK와 LB가 각각 HC와 AD와 같도록 I와 L을 정한다. 그러면 선분 IL과

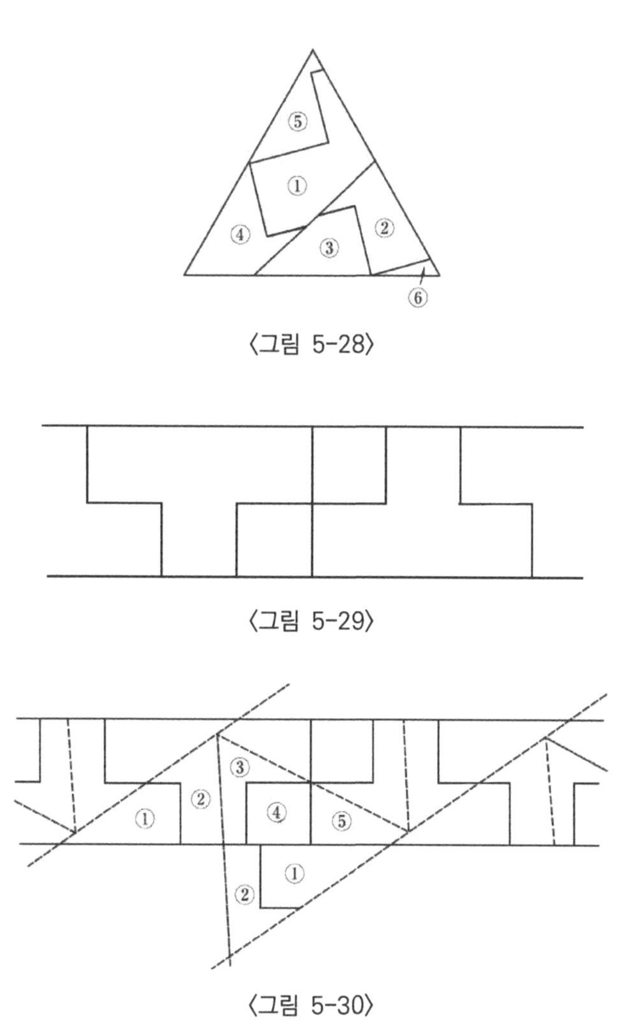

〈그림 5-28〉

〈그림 5-29〉

〈그림 5-30〉

FG는 평행이 된다. 이렇게 해서 6개의 부분이 되었으므로 번호를 붙였다. 이들은 꼭 맞게 조합되어서 〈그림 5-28〉과 같이 정삼각형을 만든다.'

그런데 린드그렌이 반복한 도형을 기초로 해서 그리스 십자를 5개로 분할해서 정삼각형으로 고치는 방법을 발견했다. 그리스 십자의 위에서 생긴 작은 정사각형의 부분을 자르고, 이를 오른쪽 밑에 붙여서 띠 모양의 도형(그림 5-29)을 만들고, 이 그리스 십자와 같은 면적의 정삼각형으로 만들어진 띠를 〈그림 5-30〉과 같이 배치하면 그리스 십자는 5개로 나누어지고, 정삼각형으로 고칠 수 있다.

61. 15퍼즐

작은 사각형의 상자에 1에서 15까지의 번호를 붙여서 15매의 끼움목나무(말)가 나란히 있고 한 칸만이 비어 있다. 비어 있는 장소에 말을 움직임으로써 배열을 바꾼다.

아래의 그림에서 왼쪽처럼 1에서 15까지 순서대로 하고 나머지 구석만 비어 있도록 만들었다. 이를 오른쪽의 그림처럼 14와 15의 말만을 바꾸어 넣는 배열을 만들고 싶다. 어떻게 움직이면 좋은가?

답: 실제는 불가능하다.

자연수의 열(列)이 있을 때 수 a의 앞에 a보다 큰 수가 몇 개 있을까? 이 수를 a의 '전이(轉移)'라고 한다. 그 수열 중에 모든 수의 전이의 총합을 그 '수열의 전이'라고 한다.

예를 들면 3, 5, 2, 1, 4라는 수열에서는 1의 전이가 3, 2의 전이가 2, 3의 전이가 0, 4의 전이가 1, 5의 전이가 0이기 때문에 이 수열의 전이는 6이다.

그럼 15퍼즐에서 위와 같은 배열 abcd를 아래와 같이 bcda로 바꾸었다고 하면 a와 b, a와 c, a와 d의 순서만이 바뀌었기 때문에 전이의 수의 변화는 3이다. 단, 좌우로 움직일 때 전이의 변화는 0이다.

×	a	b	c
d		×	×

×		b	c
d	a	×	×

15퍼즐에서 바른 순서의 전이는 0이지만, 14와 15를 바꾼 전이는 1이다. 바른 순서로 하단에 비어 있는 배열에서 출발해 몇 번인가 말을 움직였지만 비어 있는 장소가 위로 옮긴 횟수만큼, 비어 있는 장소는 아래로 옮겨지기 때문에 하단에 비어 있는 배열로 만드는 데도 3의 짝수배의 전이가 필요하다. 따라서 하단에 자리가 비어 있어 전이 1의 배열은 만들 수 없다.

* * *

이 퍼즐은 1878년에 샘 로이드가 고안한 것이라고 한다. 1000달러의 상금이 걸렸었다고 하지만 상금을 탄 사람은 아무도 없었다.

62. 요일의 계산

연월일만으로 요일을 계산하는 '제라의 공식'이라고 부르는 것이 있다.

서기 c백y년 m월 d일의 요일을 계산하여 보자. 단, 1월과 2월은 전년도의 13월, 14월이라고 생각하자. 우선

$$w = \left[\frac{21c}{4}\right] + \left[\frac{5y}{4}\right] + \left[\frac{26(m+1)}{10}\right] + d - 1$$

을 계산하자(여기서 $[x]$는 가우스의 기호로서 x 이하의 정수 중 최대의 정수를 나타낸다).

다음에 w를 7로 나누어서 나머지를 계산해서 나머지가 0, 1, 2, 3, 4, 5, 6에 대응해서 요일을 일, 월, 화, 수, 목, 금, 토로 하자.

이와 같은 공식은 1887년 제라가 처음으로 구했다. 이전에 가우스도 요일 계산의 공식을 만들었지만 하나의 식으로 나타내지 않고 표를 이용한 것이었다. 그럼 서기 1985년 1월 1일은 무슨 요일인가?

답: 화요일

c=19, y=84, m=13, d=1로 w를 계산하면 w=240이고 7로 나누면 나머지가 2이기 때문에 화요일이다.

* * *

현재의 달력은 1582년 10월 15일 이후에 사용되고 있는 그레고리오력으로서 이 공식도 그 이후에 적용된다.

그레고리오력에 의하면 '서기 연수가 4로 나누어지는 해를 윤년으로 하고 100으로 나누어지지만 400으로는 나누어지지 않는 해는 윤년이 아니다'라고 한다. 따라서 서기 n년까지의 일수는 $365n+\left[\frac{n}{4}\right]-\left[\frac{n}{100}\right]+\left[\frac{n}{400}\right]$이 된다. 여기서 n=100c+y로 놓고 7의 배수 부분을 제거하면 위 식은

$$5c+y+\left[\frac{c}{4}\right]+\left[\frac{y}{4}\right]$$

가 된다. 또 m월 d일은 30m+d+Z(2=m+d+Z)에 의해서 환산되지만 Z는 월마다의 30일보다 많은 날수의 누적분으로서 다음 표와 같이 된다.

m	3	4	5	6	7	8	9	10	11	12	13	14
Z	0	1	1	2	2	3	4	4	5	5	6	7

이것은 $Z=\left[\frac{6(m-3)+4}{10}\right]\left(=\left[\frac{6(m+1)}{10}\right]-2\right)$로 계산되기 때문에 결국

$$w=\left[\frac{21c}{4}\right]+\left[\frac{5y}{4}\right]+\left[\frac{26(m+1)}{10}\right]+d+const.$$

가 된다. const.을 -1로 하면 된다.

63. 만찬

5쌍의 부부가 만찬에 참석하여 둥근 테이블에 둘러앉았다. 남녀는 교대로 앉으면서 부부는 떨어지도록 하면 몇 가지의 앉는 방법이 있을까? 회전해서 같은 위치에 오는 방법은 동일하다고 생각한다.

답: 312가지

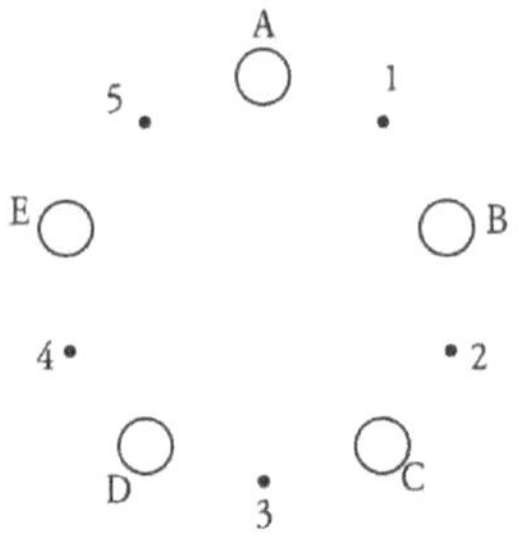

남성을 대문자, 여성을 소문자로 표시하면 5쌍의 부부를 A, a, B, b, C, c, D, d, E, e라고 하자.

우선 남성이 A, B, C, D, E의 순으로 앉는다. 공석(空席)을 A와 B 사이의 좌석부터 순서대로 1, 2, 3, 4, 5로 번호를 부여하자.

좌석 1에는 a와 b는 앉지 못한다. 1에는 c, 2에는 a, 3에는 e, 4에는 b, 5에는 d가 앉는 경우를 caebd로 쓰기로 하자. 그러면, 이외에 12가지의 앉는 방법이 있다.

cdeab ceabd cebad
daebc daecb deabc
deacb debac eabcd
edabc edacb edbac

남성의 위치를 결정하면 여성의 앉는 방법이 13가지가 있다. 남성의 앉는 방법은 원순열이기 때문에 4!=24가지이다. 따라서 전체의 앉는 방법은 13×24=312가지이다.

* * *

프랑스의 수학자 류카가 1891년에 제출한 문제이다. 류카는 '하노이의 탑'이라는 게임의 고안자로 유명하다.

64. 화차(貨車) 옮겨 놓기

아래 그림과 같은 레일 위에 2대의 화차 P, Q와 기관차 R가 있습니다. 화차만으로는 움직일 수 없기 때문에 기관차 R를 사용해서 화차 P, Q를 움직여 P와 Q의 위치를 옮겨 넣고, 기관차 자신은 원래의 위치에 돌아가도록 하고 싶다.

단, B와 C의 장소는 레일이 길게 늘어나 있지만 A의 장소는 화차 1대분밖에 들어갈 수 없다. 기관차는 조금 길기 때문에 A에서 방향을 바꿀 수는 없다. 어떻게 하면 P와 Q를 잘 옮겨 놓을 수 있을까?

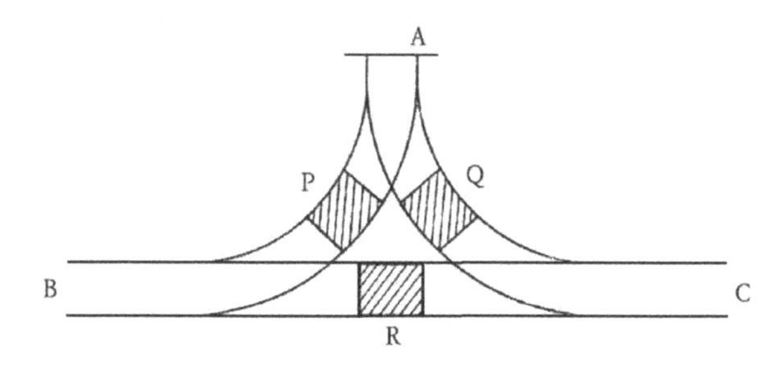

답: 다음과 같이 한다.

(1) R는 P를 밀어서 A에 넣는다.
(2) R만을 반대로 해서 Q를 밀어서 PQR로 연결하여 C로 옮기고 다음에 B까지 움직인다.
(3) P만을 B에 두고, R과 Q를 연결해서 C로 옮기고 A에 Q를 밀어 올려서 Q를 A에 둔다.
(4) R만을 반대로 해서 P를 연결하여 최초에 Q가 있던 위치로 옮겨 놓는다.
(5) R을 다시 반대로 해서 A에 있는 Q를 연결하여 원래 P가 있었던 장소에 Q를 둔다.
(6) R는 원래의 위치로 돌아온다.

* * *

이 문제는 1892년 영국에서 출판된 불(Boole, 1815~1864)의 책 『수학 유희와 문제』에 나온 것이다. 이 책에 의하면 '북극의 퍼즐'로서 팔리고 있었던 장난감을 불이 샀다고 쓰여 있다.

영국의 리버풀과 맨체스터 간에 열차가 개통한 것은 1830년이었으므로 이와 같은 퍼즐이 19세기 말경에 영국에서 유행했다고 해도 이상하지 않다(기관차의 인기에 감화되어서 이와 같은 퍼즐을 고안하여 새로운 사업을 시작하려고 했다).

불의 책이 나온 다음의 7년 후에 번역본이 일본에서 나와 잘 알려져 있다.

65. 원숭이와 저울추

천장에 활차가 매달려 있다. 거기에는 무게도 없고, 마찰도 없이 유연한 로프가 걸려 있고 그 로프의 한쪽에는 저울추가 매달려 있다. 다른 쪽에는 저울추와 같은 무게의 원숭이가 매달려 균형을 이루고 있다.

이때, 원숭이가 로프를 기어오르기 시작했다. 저울추는 위로 올라갈까? 밑으로 내려갈까?

이 삽화는 로이드의 저서에서 인용했다.

답: 저울추는 위로 올라가지도 밑으로 내려가지도 않는다.

문제에 주어져 있는 조건은 로프에 걸리는 힘이 활차의 양쪽 모두 같다.

* * *

이 문제는 『이상한 나라의 앨리스』와 『거울 속의 세계』 등으로 유명한 영국의 루이스 캐럴(본명 도지슨)이 1893년 제출한 문제이다. 당시 많은 사람들의 머리를 혼란스럽게 한 문제로서 여러 가지 대답이 나왔던 것 같다. 그중에서 '로프를 획획 잡아당길까, 그렇지 않으면 조심조심 잡아당길까, 잡아당기는 법이 어떤가를 확실히 하지 않는 한 답은 없다'고 하는 사람도 있었던 것 같다.

로이드가 제시한 답도 틀렸다. '원숭이는 오르려고 하면 역으로 떨어진다. 그래서 점점 떨어진다. 그런 대답은 로이드 씨의 권위가 먼저 땅에 떨어진 이유이다'(횟샤 「캐럴 대마법관」)

게다가 앞 페이지의 삽화는 로이드 책의 삽화이지만 삽화 가운데 캐럴의 철자가 틀려 있는 것도 애교이다.

66. 일직선상의 점

평면상에 n개의 점들의 집합이 있다. 이들 중에 어느 두 점을 지나는 직선이든 이 집합에 포함되어 있는 제3의 점을 지나도록 하면 이들 모든 점은 일직선상에 있다고 한다.

이 사실을 증명하고자 명제의 대우

'일직선상에 없는 n개의 점이 있을 때 이 점들 중에 2개밖에 지나지 않는 직선이 있다'를 증명해 보시오.

1893년 영국의 수학자인 실베스터(Sylvester, 1814~1897)가 제안한 문제로서 1933년 카라이에 의해 증명되었다.

답: 다음과 같이 증명한다.

일직선상에 없는 n개의 점을 P_1, P_2, …, P_n이라고 하자. 따라서 이 점들 중에 점 P_i가 직선 P_jP_k 위에 없도록 점 P_i와 직선 P_jP_k의 쌍을 얻는다. 이들 쌍은 유한개밖에 없기 때문에 이들 중점 P_i와 직선 P_jP_k의 거리가 최소가 되는 것을 구하자(이를 바꾸어서 점 P_i와 직선 P_jP_k라고 하자).

이때, 직선 P_jP_k상에 제3의 점이 얻어지지 않음을 증명한다. 그를 위해, 만약 직선 P_jP_k상에 제3의 점 P_h가 있다고 하자. 점 P_i에서 직선 P_jP_k에 수선을 긋고, 만나는 점을 Q라 하면 이 직선은 Q에 의해 양분되지만 직선상의 3점 P_j, P_k, P_h 중에서 적어도 두 점은 같은 쪽에 있다. 여기서는 직선상에 Q, P_j, P_k 순으로 나열된다고 하자.

점 P_j보다 직선 P_iP_k에 내린 수선의 끝점을 R라고 하면

$\triangle P_jP_kR \backsim \triangle P_iP_kQ$

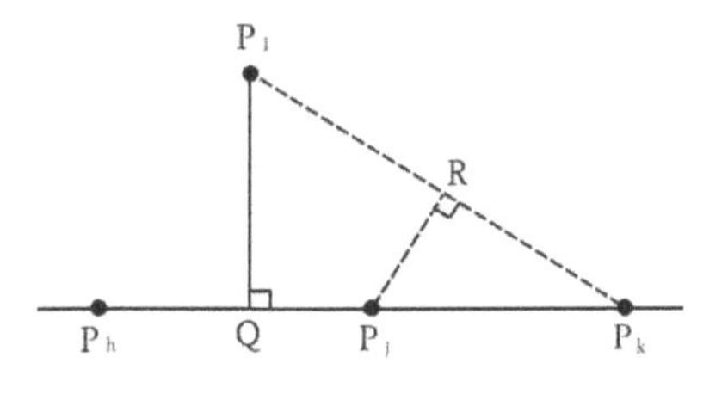

이므로

$P_jR : P_iQ = P_jP_k : P_iP_k$

$P_jP_k \leq QP_k < P_iP_k$이므로

$P_jR < P_iQ$이다.

따라서, 점 P_j와 직선 P_iP_k의 쌍은 점 P_i와 직선 P_jP_k의 쌍보다 짧기 때문에 가정에 반대이다. 그러므로 직선 P_jP_k상에서는 제3의 점을 얻을 수 없다.

67. 격자 다각형

직교 좌표축에서 X좌표 x도, Y좌표 y도 모두 정수값이 되는 점(x, y)을 격자점이라고 한다.

몇 개의 격자점을 연결해서 되는 凸 또는 凹다각형의 면적 S는 다각형을 둘러싼 선상의 점의 수 c와 그 다각형의 내부에 포함되는 점의 수 i를 나타낸다고 하자. S를 c와 i로 나타내라.

참고로 아래 그림 (1)과 (2)와 같은 격자 다각형은 c와 i와 S가 각각 아래의 표와 같게 된다.

	c	i	S
(1)	9	1	4.5
(2)	8	7	10

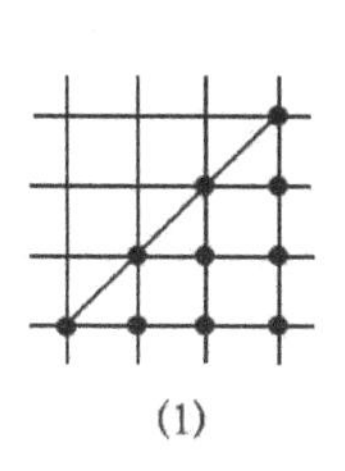
(1)

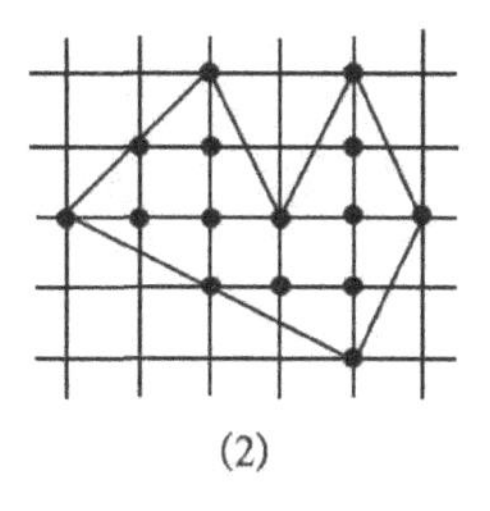
(2)

답: $S=\frac{c}{2}+i=1$

한 변을 공유하는 2개의 격자 다각형이 있고, 그 공유하는 변(양 끝의 점을 제외한)의 점의 수를 k라고 하자. 각각 다각형의 면적을 S_1, S_2, 선 및 내부의 점의 수를 c_1, c_2 및 i_1, i_2라고 하자. 이때

$$S_1=\frac{c_1}{2}+i_1-1, \qquad S_2=\frac{c_2}{2}+i_2-1$$

이 성립한다고 하자. 공유하는 변을 제외한 새로운 다각형의 면적을 S, 선 및 내부의 점의 수를 c와 i라고 하면

$$c=c_1-k-1+c_2-k-1, \qquad i=i_1+i_2+k$$

이므로 다음 식이 성립한다.

$$\left(\frac{c}{2}\right)+i-1=S_1+S_2=S$$

X축에 평행한 변의 길이가 m, Y축에 평행인 변의 길이가 n인 직사각형의 면적은 S=mn이지만 그 직사각형의 선상의 점의 수를 c, 내부의 점의 수를 i라고 하면

$$c=2m+2n, \qquad i=(m-1)(n-1)$$

이므로

$$\left(\frac{c}{2}\right)+i-1=m+n+(m-1)(n-1)-1=S$$

다음에 이 직사각형을 대각선으로 이등분한 직각삼각형에 대해서도 위의 관계가 성립한다(합동인 직각삼각형을 붙여서 대각선을 제외한 직사각형에 대해서 관계가 성립하기 때문에).

어느 다각형이든 직각삼각형을 붙이기도 하고, 제거하기도 해서 만들어지므로 일반적으로 격자 다각형에 대해서도 위의 관계식이 성립한다.

* * *

이 정리는 1899년 픽(Pick)이 제의한 것으로서 '픽의 정리'라고 부른다.

68. 세 개의 산 무너뜨리기

바둑돌 산을 3개 만든다. 몇 개라도 좋지만 7개, 12개, 17개로 하자. 두 사람이 어떤 산에서든 교대로 1개나 2개 또는 3개를 연달아 주워서 주울 돌이 없어진 사람이 진다.

7개, 12개, 17개인 경우에 잘하면 먼저 한 사람이 이기는데 최초에 어떻게 하면 될까?

답: 어떤 산에서든 2개를 줍는다.

3개 산의 바둑돌 수가 a개, b개, c개라 할 때 3개 산의 상태를 (a, b, c)라고 쓴다(a, b, c의 순서를 어떻게 바꾸어도 같다).

돌의 상태가 (a, b, c)일 때 상대가 어떤 돌을 주워도 자신이 돌을 잘 주워서 상대를 어려운 지경으로 몰아넣을 때에 그 돌의 상태를 필승의 수라고 한다.

r=0, 1, 2, 3일 때

(0, r, r)은 필승의 수

(1, 2, 3)은 필승의 수

라는 것은 간단하게 확인된다. 일반적으로 ℓ, m, n이 지지 않는 정수로서 r은 0, 1, 2, 3의 어느 것일 때

r형: (4ℓ, 4m+r, 4n+r)은 필승의 수

4형: (4ℓ+1, 4m+2, 4n+3)은 필승의 수

라고 할 수 있다. 왜냐하면 상대가 어떤 산에서 k개(k=1, 2, 3)를 주웠다고 하면 자신은 그 산에서 4-k개를 주우면 처음보다 돌의 수는 적어도 같은 형의 필승의 수로 가져갈 수 있기 때문이다.

이 형 이외의 돌의 상태라면 상대편이 어떤 형의 필승의 수로 가져갈 수 있기 때문에 상대편이 이긴다.

문제인 (7, 12, 17)의 경우에 제1의 산에서 2개를 주우면 1형의 필승의 수가 된다. 제2의 산에서 1개를 취하면 4형, 제3의 산에서 2개를 취하면 3형의 필승의 수가 된다.

* * *

이 문제의 원형은 중국에서 옛날부터 전해져 왔지만 필승법은 부돈이 1901년에 비로소 연구했다고 한다.

69. 거미와 파리

길이 30피트, 폭과 높이가 각각 12피트인 직육면체의 방에서 한 편의 횡벽의 중앙, 천장에서 1피트인 곳(그림의 점 A)에 한 마리의 거미가 있다.

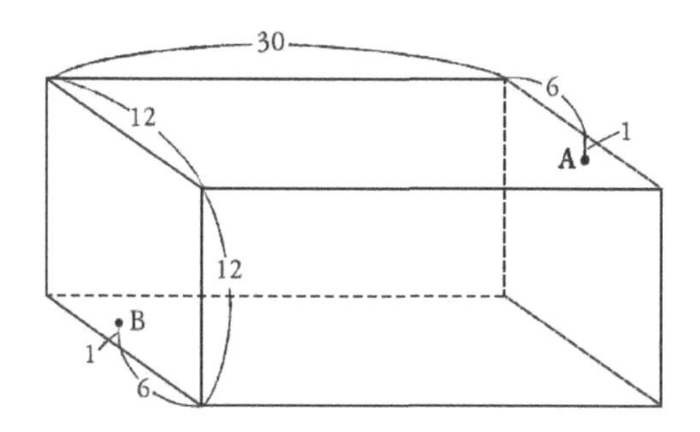

그의 반대벽의 중앙, 마루에서 1피트인 곳(그림 점 B)에 한 마리의 파리가 머물러 있다.

그러면 거미가 천천히 기어서 파리가 있는 곳으로 가는 최단 거리는 몇 피트일까?(단 거미는 거미줄을 사용하기도 하고 날아갈 수 없는 것은 물론이다)

이 문제는 듀도니가 1905년 『데일리 메일』에 발표한 것으로 그때에 센세이션을 일으켰다고 전해지고 있다. 듀도니 자신도 이 문제를 자신의 대표작의 하나라고 말하고 있다.

답: 40피트

직육면체의 전개도 (1), (2), (3), (4)를 그리고 거리 AB를 구하면

(1)일 때 AB=42피트

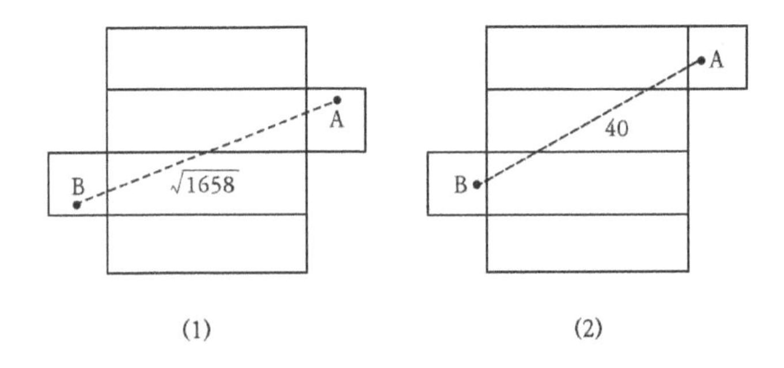

(1) (2)

(2)일 때 AB= $\sqrt{10^2+42^2}$ = $\sqrt{1864}$ 피트

(3)일 때 AB= $\sqrt{17^2+37^2}$ = $\sqrt{1658}$

(4)일 때 AB= $\sqrt{24^2+32^2}$ =40피트

이므로 (4)의 코스를 택할 때가 최단거리로서 40피트이다.

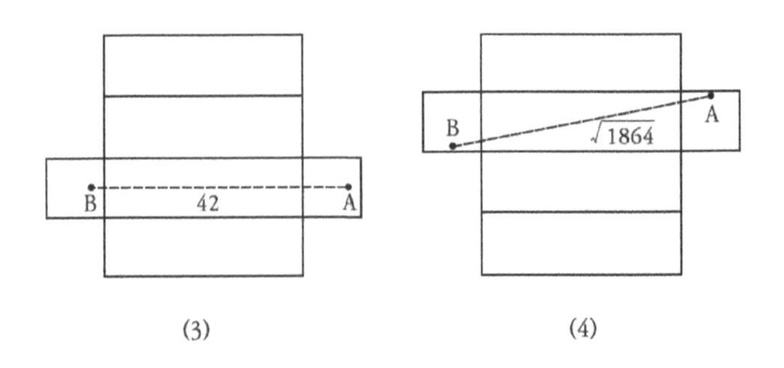

(3) (4)

70. 색칠하기 게임

정육각형의 정점이 되는 듯한 위치에 6개의 점을 그린다. 두 사람이 각각 다른 색연필로 두 점을 연결하지만 이미 연결된 두 점은 연결할 수 없다. 두 사람이 교대로 두 점을 연결해서 삼각형의 세 변을 먼저 자신의 색으로 칠한 사람이 이긴다.

연결하는 선분의 수는 15개이므로 15번째에 승패가 결정되는 일이 있을 수 있다. 15번째까지 승부를 가져가는 경우란 7개씩 두 가지 색으로 나누어 칠해지므로, 어떤 삼각형도 같은 색의 삼각형이 아닌 경우지만, 그와 같은 선의 나누어 칠하는 방법을 생각해 보라.

답: 아래 그림과 같이 된다.

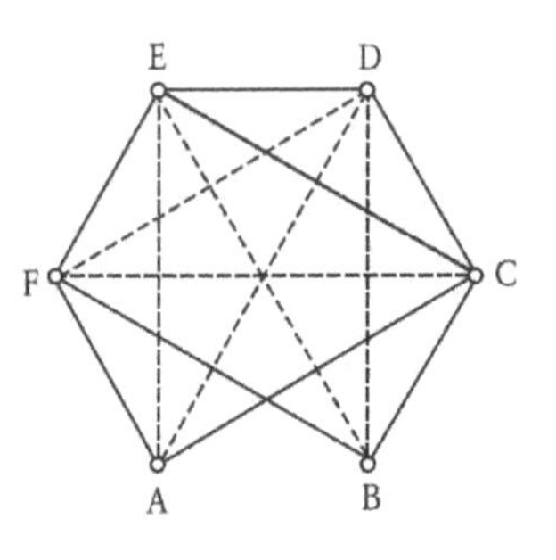

육각형을 ABCDEF라 하고 AB를 제외한 14개의 선분은 전부 연결되어 있다고 하자.

C에서는 만들어진 5개의 선분 중, 3개 이상은 같은 색이지만 CA, CB 중의 하나와 CD, CE, CF 중의 2개가 같은 색, 예를 들면 CA, CD, CE가 같은 색이라면 △ADE도 같은 색으로 되어버린다. 그 까닭에 CA, CB는 같은 색으로 그 색은 CD, CE, CF 중의 하나와 같다. 여기에서 CA, CB, CD를 실선으로 연결하고 CE, CF를 점선으로 연결했다.

DE, DF가 같은 색이라면 △DEF나 △EFA가 같은 색 삼각형이 되어버리기 때문에 DE와 DF는 다른 색이다. 여기서 DE를 실선, DF를 점선으로 연결하면 결국 위와 같은 그림이 된다.

* * *

15번째에 승부가 결정되도록 하려면 실제는 13번째 이전에 승부를 결정해야 한다고 한다. 왜냐하면 먼저 그림에서 AC, BC, AF, BF는 같은 색이므로 13번째에 AB를 연결하면 그때 당연히 승부가 나야 한다.

'6점 중에 각 2점을 2색이 어느 선으로 연결하면 그중에 같은 색의 삼각형이 있다'는 성질은 1928년 람제이가 증명했다. 이 정리에 연결시킨 위의 게임은 '심'이라고 부른다.

71. 불시 시험

어느 날 수학 선생님이 "이번 주 중에 불시 시험을 본다"고 하고 교실을 나가려고 했다. 교실에 웅성거림이 일어났을 때 구석에 있던 A군이 일어서서 "선생님, 불시 시험이란 무슨 의미입니까?"라고 물었다. 모든 학생은 역시 새로운 일이 일어난다고 생각해서 함께 웃어버렸다. 선생님도 조금은 곤란한 얼굴을 하면서 "불시 시험이란 불시의 시험이다. 언제 볼까를 결정하지 않은 시험이다"라고 답변했다. A군은 다시 한번 "내일 시험이 있을 것을 그 전날에는 알지 못하는 시험이군요"라고 싫은 듯이 물어보았다. 선생님도 귀찮은 듯이 생각한 것일까? "그래, 그렇다"라고 말하고 교실을 나갔다.

모두가 자리에서 일어났을 때 "얘들아, 조용히 해. 이번 주 중에 시험은 없어. 불시 시험을 본다는 것은 될 수 없는 것이다"라고 자신 있게 A군이 말했으므로 모두 어리둥절해서 A군을 주시했다.

그럼 A군이 말하는 "불시 시험은 없다"는 이치는 어떤 이치일까?

답: A군은 다음과 같이 주장한 것이다.

이번 주 토요일에는 절대로 시험을 볼 수 없다. 왜냐하면 금요일 밤이 되었을 때 그 날짜까지 시험이 없었기 때문에 시험이 있다고 하면 내일인 토요일밖에 없음을 알 수 있다. 그런데 내일 시험이 있음을 알 수 있기 때문에 이는 불시 시험은 아니다.

다음으로 금요일도 시험을 치를 수 없음을 알 수 있다. 목요일 밤, 시험이 있는 것은 토요일이나 금요일 이틀 중 하루임을 알 수 있지만 토요일에는 불시 시험을 볼 수 없음을 알았기 때문에 불시 시험이 있다고 하면 내일인 금요일밖에 없다. 그러므로 내일 시험이 있음을 알았으므로 역시 금요일에 시험을 볼 수는 없다.

마찬가지로 해서 목요일에도, 수요일에도 …… 이번 주 중 어느 요일에도 시험은 볼 수 없게 되어버린다.

이것이 A군의 이치이다.

* * *

가드너에 의하면 이 문제의 기원은 1940년대 초엽에 있었다고 한다.

마지막으로 이 불시 시험의 결말을 써보자. 월요일, 화요일은 시험이 없이 지났지만 수요일에 선생님은 시험 용지를 배부하였다. 물론, A군은 항의했다. 학급 전원이 A군에게 가담한 것은 말할 필요도 없다. 선생님은 조용하게 입을 열었다. “여러분의 누구도 ‘오늘은 시험이 없을 것이다’로 생각하고 있었다. 그런 때에 시험이 있다. 이것이야말로 불시 시험이지 않느냐!”

72. 위조 동전 찾기

2차 세계대전이 끝날 무렵 '저울에 의한 위조 동전 찾기'의 퍼즐이 고안되어 연합군 측의 과학자들에게도 알려졌다. 대단히 재미있는 문제였기 때문에 격심한 전쟁 중에도 이 문제에 많은 사람들이 열중해서 전력이 약해졌다고 하였다. 그래서 연합군측의 참모는 한 가지 계획을 고안했다. 이 문제를 독일어로 쓴 붉은 선전물에 인쇄해서 독일 내에 뿌린다면 어떨까? 이 일은 영국 공군에 의해서 실행으로 옮겨졌다. 그 결과, 유능한 독일의 과학자들이 결과를 구하려고 고심하여, 독일은 패했다.

독일을 패전으로 유도한 문제는 다음과 같은 퍼즐이었다.

> '13개의 동전이 있지만 그중에 1개만이 위조 동전이다. 위조 동전이 어느 것인지는 보아서는 알 수 없고 옳은 동전과 비교해서 무거운가 가벼운가도 알 수 없지만 무게가 조금이나마 다른 것만 알고 있다. 저울을 3회만 사용해서 그 1개의 위조 동전을 발견하라는 것이다. 단, 저울추는 사용하지 않는 것으로 하자'

13개의 동전을 a, b, c, d, e, f, g, h, i, j, k, ℓ, m이라고 생각하자.

답: 다음과 같이 한다(=은 균형이 잡히고, >은 왼쪽 접시가, <은 오른쪽 접시가 무거운 것을 나타내고 있다).

(1) (a, b, c, d)=(e, f, g, h)일 때

(1.1) (a, i)=(j, k)일 때

(1.1.1) (a)=(ℓ)……위조 동전 m

(1.1.2) (a)≠(ℓ)……위조 동전 ℓ

(1.2) (a, i)>(j, k)일 때

(1.2.1) (j)=(k)……위조 동전 i

(1.2.2) (j)>(k)……위조 동전 k

(1.2.3) (j)<(k)……위조 동전 j

(1.3) (a, i)<(j, k)일 때

(1.2)와 마찬가지로 한다.

(2) (a, b, c, d)>(e, f, g, h)일 때

(2.1) (a, b, e)>(c, d, f)일 때

(2.1.1) (a)=(g)……위조 동전 h

(2.1.2) (a)≠(g)……위조 동전 g

(2.2) (a, b, e)>(c, d, f)일 때

(2.2.1) (a)=(b)……위조 동전 f

(2.2.2) (a)>(b)……위조 동전 a

(2.2.3) (a)<(b)……위조 동전 b

(2.3) (a, b, e)<(c, d, f)일 때

(2.3.1) (c)=(d)……위조 동전 e

(2.3.2) ⒞>⒟……위조 동전 c

(2.3.3) ⒞<⒟……위조 동전 d

⑶ (a, b, c, d)<(e, f, g, h)일 때

이후는 ⑵와 마찬가지로 하면 된다.

73. 자유 의지

당신 앞에 두 개의 상자가 놓여 있다. 상자 A에는 천 달러가 들어 있고, 상자 B에는 백만 달러가 들어 있든가 그렇지 않으면 아무것도 들어 있지 않다. 무엇이 어디에 있는가는 모른다.

그럼 당신은 양쪽의 상자를 택해도 좋고, B상자만 택해도 된다. 그런데 '당신이 어떻게 하는가?'를 신(神)은 미리부터 예측하고 있어서 양쪽의 상자를 택한다고 예측한 경우는 상자 B를 비워두고, B상자만 택하면 상자 B에 백만 달러를 넣어둔다고 하자.

당신이라면 양쪽의 상자를 택하겠는가? 그렇지 않으면 상자 B만을 택하겠는가?

답: 당신이 신을 믿는다면 상자 B만을 택하고, 무신론자이면 상자 A와 상자 B를 모두 택함은 틀림없다.

당신이 양쪽 상자를 택한다면 신은 그것을 알고 있으므로 상자 B를 비워두기 때문에 당신은 천 달러밖에 얻을 수 없다. 만일, 당신이 상자 B만을 택한다면 신은 그것을 알고 있으므로 상자 B에 백만 달러를 넣어줄 것이다. 따라서 백만 달러를 얻을 수 있으므로 상자 B만을 택하는 것이 바른 방법처럼 생각된다.

만약 다른 경우도 있다. 신은 당신의 행동을 미리 알고 있으므로 상자 B에 백만 달러를 넣든지 비워두든지 하므로 지금부터 이후에 변경되는 일은 없다. 그러므로 상자 B만을 택하는 것보다도 양쪽 상자를 택하는 쪽이 항상 천 달러만큼 얻을 수 있다. 따라서 양쪽 상자를 택하는 것이 올바른 해가 된다고 하겠지요.

* * *

이 문제는 1960년 물리학자 뉴컴이 고안한 것으로 '뉴컴의 패러독스'로 부르고 있다. 이에 관해서 아시모프는 다음과 같이 설명하고 있다. '나라면 주저 없이 양쪽의 상자를 택한다. 나 자신은 결정론자이지만 인간이라고 칭하는 사람이라면 누구라도 자유 의지 쪽이 좋다고 하는 것은 분명한 일이라고 생각된다'

74. 반복 도형

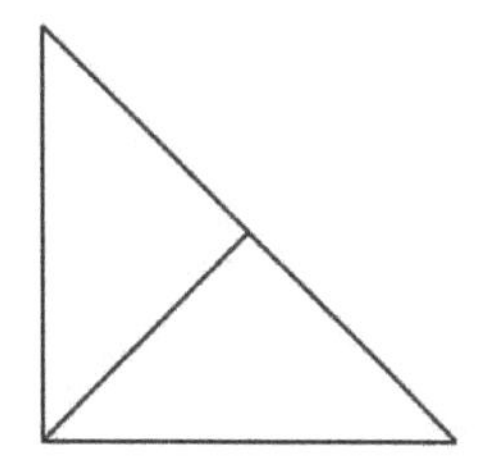

직각이등변삼각형의 직각 정점에서 사선에 수선을 내리면 이 삼각형은 합동인 두 개의 도형으로 나누어지고, 게다가 이 작은 삼각형은 원래 삼각형과 유사하게 된다. 일반적으로 어떤 다각형이 합동인 k개의 소다각형으로 분할되어, 더욱이 이 소다각형이 원래의 다각형과 유사하게 되었을 때 이 다각형을 k위의 반복 도형이라고 부른다(1962, 고름에 의해서 간략하게 '레프 k'라고도 한다). 일반적으로 레프 k로 된 도형은 레프 k^n이 된다.

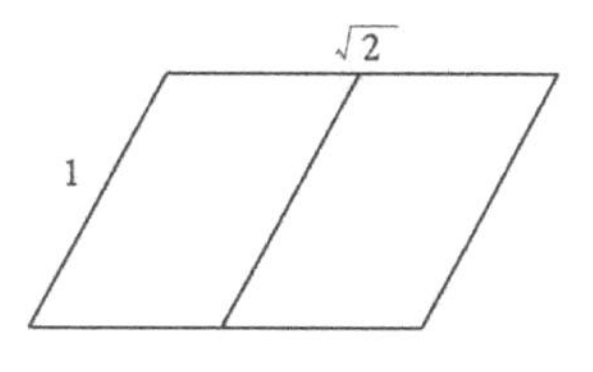

직각이등변삼각형은 레프 2이다. 또 두 변의 비가 1 : $\sqrt{2}$인 평행사변형은 레프 2이다. 레프 2인 도형은 이 두 개가 알려져 있다.

레프 3, 레프 4 등의 도형은 무엇이 있는가?

답: 다음에 보인 것들이 있다.

두 변의 비가 $1 : \sqrt{k}$ 인 평행사변형은 긴 변을 k등분하고 이들 등분점을 지나서 짧은 변에 평행인 직선으로 자르면 합동인 k개의 평행사변형이 되고, 이들은 원래의 평행사변형과 유사하므로 이들 평행사변형은 레프 k이다.

직각삼각형을 셋으로 자른 직각삼각형은 레프 3이다(그림 1).

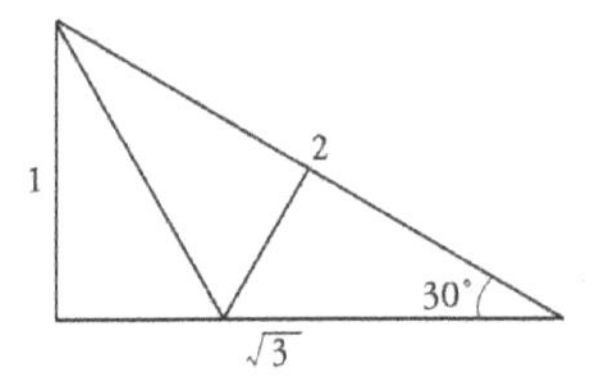

임의의 삼각형 및 평행사변형은 레프 4이다(〈그림 2〉, 〈그림 3〉).

이들 외에 옛날부터 잘 알려진 레프 4의 도형은 정사각형에서 1/4을 제외한 구형(鉤型) 도형이다(그림 4). 이것에 비슷한 구형 도형은 레프 4인 것도 알려져 있다(〈그림 5〉, 〈그림 6〉).

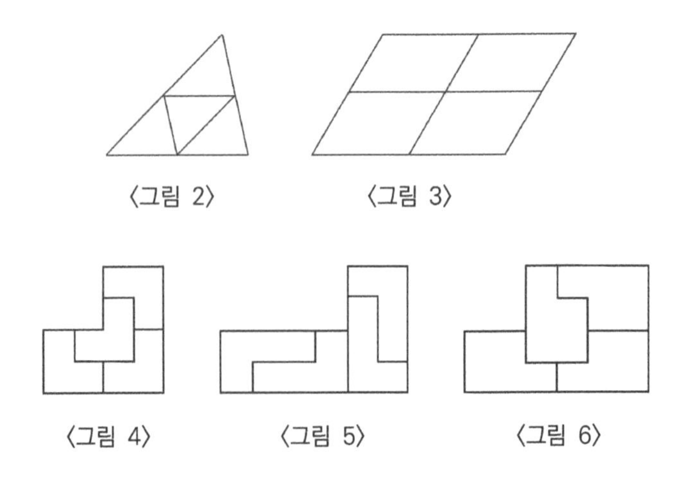

〈그림 2〉 〈그림 3〉

〈그림 4〉 〈그림 5〉 〈그림 6〉

사다리꼴 중에도 레프 4인 것이 알려져 있다(〈그림 7〉, 〈그림 8〉, 〈그림 9〉).

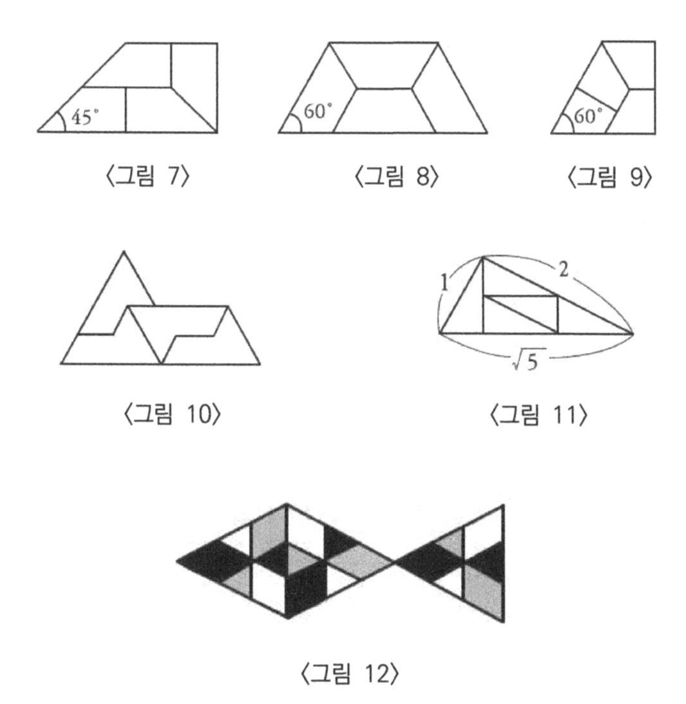

〈그림 7〉 〈그림 8〉 〈그림 9〉

〈그림 10〉 〈그림 11〉

〈그림 12〉

재미있는 반복 도형을 몇 개 소개한다. 스핑크스는 레프 4이다. 또, 직각을 사이에 둔 두 변이 1 : 2인 직각삼각형은 레프 5이다. 금붕어는 레프 9이다.

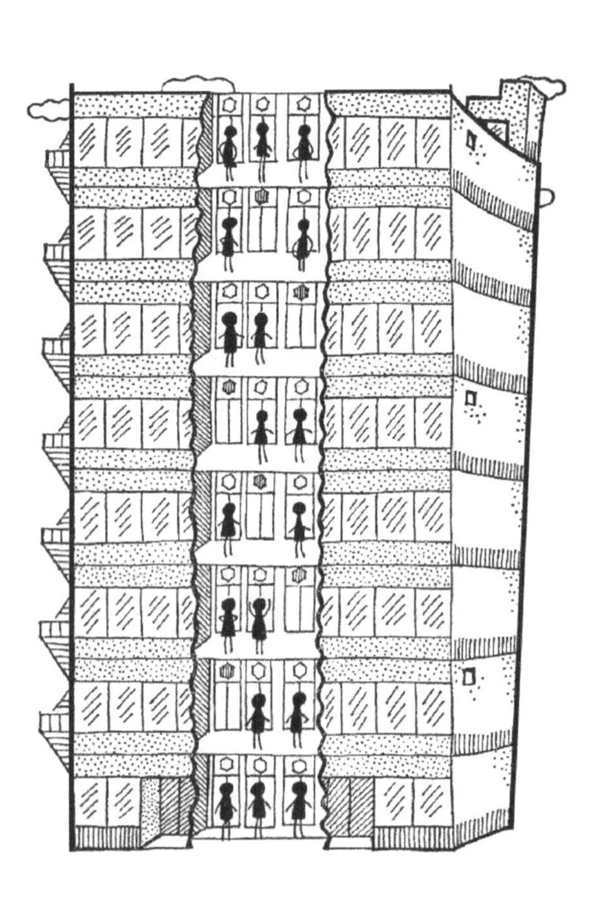

75. 엘리베이터 퍼즐

8층 건물의 정문 현관에 엘리베이터 4대가 나란히 있다. 어느 엘리베이터든 1층에서 8층까지 왕복하지만 4대 모두 도중의 4곳에 멈추고 나머지는 통과하도록 하고 있다. 단, 각 엘리베이터는 올라갈 때와 내려올 때는 모두 같은 층에서 멈춘다.

오른쪽의 표를 보라. 4대가 멈추는 층을 ○ 표로 나타내고 통과하는 층은 화살표로 연결해서 나타낸다. 이와 같이 해두면 손님들은 적당한 엘리베이터를 선택해서 어느 층에서라도 자신이 있는 층으로부터 바꾸어 타지 않고 내리고 싶은 층에 내릴 수 있다. '자유자재'라는 것이 이 건물의 서비스 정신이라고 한다.

8	○	○	○	○
7	↑	↕	○	○
6	↓	○	↑	○
5	○	↕	↓	○
4	○	○	○	○
3	○	○	○	↑
2	○	○	○	↓
1	○	○	○	○
	E_1	E_2	E_3	E_4

과연 좋은 아이디어이지만 정말로 자유자재일까? 실제로 확인해 보라.

그럼, 이 서비스 정신을 발휘하는 데에 엘리베이터가 4대가 아니라도 좋다. 최저 몇 대면 될까?

답: 3대로 될 수 있다.

멈추는 층을 잘 선택하면 그림과 같이 3대로 될 수 있다. 그러나 2대로 하면 아무리 해도 될 수 없다. 8층 건물에서 멈추는 층의 수를 4로 하면 필요한 최소 엘리베이터는 3대가 된다.

8	○	○	○
7	↑	○	○
6	↓	○	○
5	○	↑	○
4	○	↓	○
3	○	○	↑
2	○	○	↓
1	○	○	○
	E_1	E_2	E_3

1층과 8층을 제외한 나머지 6개의 층을 6각형의 정점(2, 3, 4, 5, 6, 7)으로 표시하면 두 개의 정점 m과 n을 연결하는 선분은 m층에서 직접 n층으로 가는 것(물론 그의 역인 내려오는 것)을 나타내고 있다.

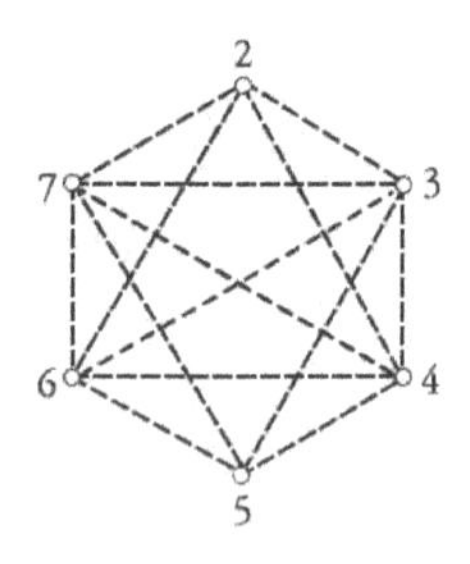

4곳에 멈춘다는 것은 사각형의 변 및 그 대각선으로 표시할 수 있다. 그럼, 두 개의 사각형에는 육각형의 변 및 대각선을 모두 만족시킬 수 없으므로 2대의 엘리베이터로는 불가능하다.

* * *

이 문제는 1968년 후지무라(藤村幸三郎)가 미국 잡지에 발표한 것이다.

수학 역사 퍼즐

수학자도 가우뚱(?)하는 75문제

초판 1쇄 1994년 06월 15일
개정 1쇄 2020년 03월 10일

지은이 후지무라 고자부로·다무라 사부로
옮긴이 김관영·유영호
펴낸이 손영일
펴낸곳 전파과학사
주소 서울시 서대문구 증가로 18, 204호
등록 1956. 7. 23. 등록 제10-89호
전화 (02) 333-8877(8855)
FAX (02) 334-8092
홈페이지 www.s-wave.co.kr
E-mail chonpa2@hanmail.net
공식블로그 http://blog.naver.com/siencia

ISBN 978-89-7044-926-5 (03410)
파본은 구입처에서 교환해 드립니다.
정가는 커버에 표시되어 있습니다.

도서목록

현대과학신서

A1 일반상대론의 물리적 기초
A2 아인슈타인 I
A3 아인슈타인 II
A4 미지의 세계로의 여행
A5 천재의 정신병리
A6 자석 이야기
A7 러더퍼드와 원자의 본질
A9 중력
A10 중국과학의 사상
A11 재미있는 물리실험
A12 물리학이란 무엇인가
A13 불교와 자연과학
A14 대륙은 움직인다
A15 대륙은 살아있다
A16 창조 공학
A17 분자생물학 입문 I
A18 물
A19 재미있는 물리학 I
A20 재미있는 물리학 II
A21 우리가 처음은 아니다
A22 바이러스의 세계
A23 탐구학습 과학실험
A24 과학사의 뒷얘기 1
A25 과학사의 뒷얘기 2
A26 과학사의 뒷얘기 3
A27 과학사의 뒷얘기 4
A28 공간의 역사
A29 물리학을 뒤흔든 30년
A30 별의 물리
A31 신소재 혁명
A32 현대과학의 기독교적 이해
A33 서양과학사
A34 생명의 뿌리
A35 물리학사
A36 자기개발법
A37 양자전자공학
A38 과학 재능의 교육
A39 마찰 이야기
A40 지질학, 지구사 그리고 인류
A41 레이저 이야기
A42 생명의 기원
A43 공기의 탐구
A44 바이오 센서
A45 동물의 사회행동
A46 아이작 뉴턴
A47 생물학사
A48 레이저와 홀러그러피
A49 처음 3분간
A50 종교와 과학
A51 물리철학
A52 화학과 범죄
A53 수학의 약점
A54 생명이란 무엇인가
A55 양자역학의 세계상
A56 일본인과 근대과학
A57 호르몬
A58 생활 속의 화학
A59 셈과 사람과 컴퓨터
A60 우리가 먹는 화학물질
A61 물리법칙의 특성
A62 진화
A63 아시모프의 천문학 입문
A64 잃어버린 장
A65 별· 은하 우주

도서목록

BLUE BACKS

1. 광합성의 세계
2. 원자핵의 세계
3. 맥스웰의 도깨비
4. 원소란 무엇인가
5. 4차원의 세계
6. 우주란 무엇인가
7. 지구란 무엇인가
8. 새로운 생물학(품절)
9. 마이컴의 제작법(절판)
10. 과학사의 새로운 관점
11. 생명의 물리학(품절)
12. 인류가 나타난 날Ⅰ(품절)
13. 인류가 나타난 날Ⅱ(품절)
14. 잠이란 무엇인가
15. 양자역학의 세계
16. 생명합성에의 길(품절)
17. 상대론적 우주론
18. 신체의 소사전
19. 생명의 탄생(품절)
20. 인간 영양학(절판)
21. 식물의 병(절판)
22. 물성물리학의 세계
23. 물리학의 재발견〈상〉
24. 생명을 만드는 물질
25. 물이란 무엇인가(품절)
26. 촉매란 무엇인가(품절)
27. 기계의 재발견
28. 공간학에의 초대(품절)
29. 행성과 생명(품절)
30. 구급의학 입문(절판)
31. 물리학의 재발견〈하〉
32. 열 번째 행성
33. 수의 장난감상자
34. 전파기술에의 초대
35. 유전독물
36. 인터페론이란 무엇인가
37. 쿼크
38. 전파기술입문
39. 유전자에 관한 50가지 기초지식
40. 4차원 문답
41. 과학적 트레이닝(절판)
42. 소립자론의 세계
43. 쉬운 역학 교실(품절)
44. 전자기파란 무엇인가
45. 초광속입자 타키온
46. 파인 세라믹스
47. 아인슈타인의 생애
48. 식물의 섹스
49. 바이오 테크놀러지
50. 새로운 화학
51. 나는 전자이다
52. 분자생물학 입문
53. 유전자가 말하는 생명의 모습
54. 분체의 과학(품절)
55. 섹스 사이언스
56. 교실에서 못 배우는 식물이야기(품절)
57. 화학이 좋아지는 책
58. 유기화학이 좋아지는 책
59. 노화는 왜 일어나는가
60. 리더십의 과학(절판)
61. DNA학 입문
62. 아몰퍼스
63. 안테나의 과학
64. 방정식의 이해와 해법
65. 단백질이란 무엇인가
66. 자석의 ABC
67. 물리학의 ABC
68. 천체관측 가이드(품절)
69. 노벨상으로 말하는 20세기 물리학
70. 지능이란 무엇인가
71. 과학자와 기독교(품절)
72. 알기 쉬운 양자론
73. 전자기학의 ABC
74. 세포의 사회(품절)
75. 산수 100가지 난문·기문
76. 반물질의 세계
77. 생체막이란 무엇인가(품절)
78. 빛으로 말하는 현대물리학
79. 소사전·미생물의 수첩(품절)
80. 새로운 유기화학(품절)
81. 중성자 물리의 세계
82. 초고진공이 여는 세계
83. 프랑스 혁명과 수학자들
84. 초전도란 무엇인가
85. 괴담의 과학(품절)
86. 전파는 위험하지 않은가
87. 과학자는 왜 선취권을 노리는가?
88. 플라스마의 세계
89. 머리가 좋아지는 영양학
90. 수학 질문 상자

91. 컴퓨터 그래픽의 세계
92. 퍼스컴 통계학 입문
93. OS/2로의 초대
94. 분리의 과학
95. 바다 야채
96. 잃어버린 세계·과학의 여행
97. 식물 바이오 테크놀러지
98. 새로운 양자생물학(품절)
99. 꿈의 신소재·기능성 고분자
100. 바이오 테크놀러지 용어사전
101. Quick C 첫걸음
102. 지식공학 입문
103. 퍼스컴으로 즐기는 수학
104. PC통신 입문
105. RNA 이야기
106. 인공지능의 ABC
107. 진화론이 변하고 있다
108. 지구의 수호신·성층권 오존
109. MS-Window란 무엇인가
110. 오답으로부터 배운다
111. PC C언어 입문
112. 시간의 불가사의
113. 뇌사란 무엇인가?
114. 세라믹 센서
115. PC LAN은 무엇인가?
116. 생물물리의 최전선
117. 사람은 방사선에 왜 약한가?
118. 신기한 화학 매직
119. 모터를 알기 쉽게 배운다
120. 상대론의 ABC
121. 수학기피증의 진찰실
122. 방사능을 생각한다
123. 조리요령의 과학
124. 앞을 내다보는 통계학
125. 원주율 π의 불가사의
126. 마취의 과학
127. 양자우주를 엿보다
128. 카오스와 프랙털
129. 뇌 100가지 새로운 지식
130. 만화수학 소사전
131. 화학사 상식을 다시보다
132. 17억 년 전의 원자로
133. 다리의 모든 것
134. 식물의 생명상
135. 수학 아직 이러한 것을 모른다
136. 우리 주변의 화학물질
137. 교실에서 가르쳐주지 않는 지구이야기
138. 죽음을 초월하는 마음의 과학
139. 화학 재치문답
140. 공룡은 어떤 생물이었나
141. 시세를 연구한다
142. 스트레스와 면역
143. 나는 효소이다
144. 이기적인 유전자란 무엇인가
145. 인재는 불량사원에서 찾아라
146. 기능성 식품의 경이
147. 바이오 식품의 경이
148. 몸 속의 원소 여행
149. 궁극의 가속기 SSC와 21세기 물리학
150. 지구환경의 참과 거짓
151. 중성미자 천문학
152. 제2의 지구란 있는가
153. 아이는 이처럼 지쳐 있다
154. 중국의학에서 본 병 아닌 병
155. 화학이 만든 놀라운 기능재료
156. 수학 퍼즐 랜드
157. PC로 도전하는 원주율
158. 대인 관계의 심리학
159. PC로 즐기는 물리 시뮬레이션
160. 대인관계의 심리학
161. 화학반응은 왜 일어나는가
162. 한방의 과학
163. 초능력과 기의 수수께끼에 도전한다
164. 과학·재미있는 질문 상자
165. 컴퓨터 바이러스
166. 산수 100가지 난문·기문 3
167. 속산 100의 테크닉
168. 에너지로 말하는 현대 물리학
169. 전철 안에서도 할 수 있는 정보처리
170. 슈퍼파워 효소의 경이
171. 화학 오답집
172. 태양전지를 익숙하게 다룬다
173. 무리수의 불가사의
174. 과일의 박물학
175. 응용초전도
176. 무한의 불가사의
177. 전기란 무엇인가
178. 0의 불가사의
179. 솔리톤이란 무엇인가?
180. 여자의 뇌·남자의 뇌
181. 심장병을 예방하자